沉浸式交互体验

虚拟现实技术的应用与前景研究

岳广鹏 著

新华出版社

图书在版编目（CIP）数据

沉浸式交互体验：虚拟现实技术的应用与前景研究 / 岳广鹏著 .
-- 北京：新华出版社，2022.9
ISBN 978-7-5166-6458-2

Ⅰ . ①沉… Ⅱ . ①岳… Ⅲ . ①虚拟现实—研究 Ⅳ .
① TP391.98

中国版本图书馆 CIP 数据核字（2022）第 173519 号

沉浸式交互体验：虚拟现实技术的应用与前景研究

作　　者：岳广鹏

责任编辑：李　宇　　　　　　　　　　封面设计：沈　莹
出版发行：新华出版社
地　　址：北京石景山区京原路 8 号　　　邮　　编：100040
网　　址：http：// www.xinhuapub.com
经　　销：新华书店、新华出版社天猫旗舰店、京东旗舰店及各大网店
购书热线：010-63077122　　　中国新闻书店购书热线：010-63072012

照　　排：守正文化
印　　刷：天津和萱印刷有限公司

成品尺寸：170mm×230mm　 1/16
印　　张：12.25　　　　　　　　　　字　　数：220 千字
版　　次：2024 年 1 月第一版　　　　　印　　次：2024 年 1 月第一次印刷

书　　号：ISBN 978-7-5166-6458-2
定　　价：72.00 元

作者简介

　　岳广鹏　1982 年 6 月出生。沈阳鲁迅美术学院教师，现任沈阳鲁迅美术学院工业设计学院教师。2008 年研究生毕业于鲁迅美术学院留校任教至今。主要研究方向是虚拟现实产品设计、交互产品设计等。曾参与三一重工掘进机、采煤车、多功能工程车、运料车等项目设计，参与 12 届全运会吉祥物设计，曾获得全国美展、A 设计、日本罗兰设计大赛等国内外知名比赛大奖。曾发表高质量学术论文多篇，获得产品外观设计专利，实用新型专利若干篇。

　　著作：《工业设计教程》第一卷中《产品渲染》，辽宁美术出版社 2010 年 6 月。

　　科研：《基于 3D 技术下高端产品的设计创新——AR（虚拟现实）赛车模拟器设计》，获辽宁省教育厅应用研究科研项目立项 2016 年（主要参与人）。

　　作品： 1. 作品《轰——音响设计》获得 "第十一届全国美术作品展览" 入围奖，2009 年。

　　2. 作品《轰——音响设计》获得意大利 A'DesignAward 国际设计大赛银奖，2015 年。

　　3. 作品《扫描机器人》获得全国大学生工业大赛入围奖，2014 年。

　　4. 作品《厨房消毒柜》获得 2014 年辽宁省普通高等学校本科大学生工业设计竞赛二等奖，2014 年。

　　5. 作品《扫描机器人》获得 2014 年辽宁省普通高等学校本科大学生工业设计竞赛一等奖，2014 年。

　　6. 作品《轰——音响设计》获得绚丽年华全国美誉成果展评二等奖，2015 年。

　　7. 作品《滴——茶具设计》获得辽宁省艺术作品展入围奖，2010 年。

　　8. 作品《休闲娱乐自行车设计》获得庆祝建国六十五周年辽宁省优秀美术作品展优秀奖，2014 年。

前　言

　　虚拟现实 (Virtual Reality, 简称VR) 技术是指采用计算机技术为核心的现代高科技手段生成一种虚拟环境，用户借助特殊的输入／输出设备，与虚拟世界中的物体进行自然的交互，从而通过视觉、听觉和触觉等获得与真实世界相同的感受。随着5G网络和移动设备的逐渐普及，各行业对互联互通的需求日益增长，我们的真实生活开始密切地与虚拟世界打交道。近年来虚拟现实技术的应用领域不断扩大，应用方式愈加灵活，成了当下最热门的技术之一。随着其他相关技术产业的发展进步，虚拟现实技术的可行性和实用性大大提升，开发和应用环境愈加完善成熟。将虚拟和现实无缝结合的技术特性使虚拟现实技术拥有巨大潜力，可以被应用于生产生活的各个方面，可与娱乐、社交、通信、房地产、旅游、教育等领域完美融合，为这些领域带来新的活力，促进其发展，影响其未来。

　　本书第一章为虚拟现实概述，分别介绍了虚拟现实的发展历程、虚拟现实特征、虚拟现实系统的组成、虚拟现实核心技术四个方面的内容；本书第二章为虚拟现实与增强现实，主要介绍了四个方面的内容，依次是增强现实概论、虚拟现实与增强现实结合发展、虚拟现实与增强现实对行业转型的影响、虚拟现实与增强现实的未来；本书第三章为虚拟现实与人工智能，依次介绍了三个方面的内容，分别是人工智能技术概述、人工智能现实应用、虚拟现实与人工智能结合现状；本书第四章为虚拟现实技术现实应用，分别从医疗健康，教育行业，艺术、科技与城市，休闲娱乐四个方面进行了介绍；本书第五章为虚拟现实产品实践设计，主要介绍了五个方面的内容，分别是虚拟现实座椅 -Aster 设计、DEMO- 全息风扇投影设计、HandCV 智能跑步机设计、CLEANNER 设计、手语翻译器设计；本书第六章为虚拟现实的前景和挑战，主要介绍了三个方面的内容，分别是虚拟现实商业化、虚拟现实的科学与技术前景、虚拟现实未来发展面临的挑战与展望。

在撰写本书的过程中，作者得到了许多专家学者的帮助和指导，参考了大量的学术文献，在此表示真诚的感谢。本书内容系统全面，论述条理清晰、深入浅出，但由于作者水平有限，书中难免会有疏漏之处，希望广大同行及时指正。

作者

2022 年 5 月

目　录

第一章　虚拟现实概述

随着科技进步，虚拟现实技术逐渐融入人们的生活。本章主要从虚拟现实的发展历程、虚拟现实特征、虚拟现实系统的组成、虚拟现实核心技术四个方面对虚拟现实进行了介绍。

第一节　虚拟现实的发展历程

一、虚拟现实的概念

虚拟现实（Virtual Reality，VR）又译作灵境技术，其名词最早是由美国 VPL Research 公司的创建人杰伦·拉尼尔（Jaron Lanier）于 1989 年提出的，用以统一表述当时纷纷涌现的各种借助计算机技术及研制的传感装置所创建的一种崭新的模拟环境。虚拟现实技术是一项综合性的信息技术，涉及计算机图形学、多媒体技术、人机交互技术、传感技术、网络技术、立体显示技术、计算机仿真与人工智能等多个领域，是一门富有挑战性的交叉技术。虚拟现实技术应用源于军事和航空航天领域的需求，近年来，虚拟现实技术已广泛应用于工业制造、规划设计、教育培训、交通仿真文化娱乐等众多领域，它正在影响和改变着人们的生活。由于改变了传统的人与计算机之间被动、单一的交互模式，用户和系统的交互变得主动化、多样化、自然化，因此虚拟现实技术已成为计算机科学与技术领域中继多媒体技术、网络技术及人工智能之后备受人们关注与研究开发的热点。

二、虚拟现实的内涵

让我们举一个例子：你一直梦想着驾驶一架私人飞机，但从来没有实现过这个愿望。那么，VR系统可以通过模拟飞行体验帮助你（虚拟地）实现这个梦想。首先，有必要再现驾驶舱的合成图像，飞行跑道，然后是你将飞越的地区的鸟瞰图。为了给你"在飞机上"的感受，这些图像必须是大的、高质量的，这样你对真实环境的感知就会被推到背景中，甚至完全被虚拟环境（VE）所取代。这种改变感知的现象，称为沉浸感，是VR的首要基本原理。VR耳机在本书中指头戴式显示器，因为通过该设备可传递唯一的可感知的视觉信息，这提供了一个良好的沉浸式体验。

如果系统也能产生飞机引擎的声音，你的沉浸感就会更强，因为你的大脑会感知到这些信息，而不是你所处环境中的真实声音，这会增强你"在飞机上"的感受。头戴式显示器使用的是音频耳机，因为它可以隔绝环境噪声。真正的飞行员在真实的环境中使用操纵杆和旋钮来操纵飞机。如果我们想要模拟现实，在VR体验中再现这些动作是绝对不可缺少的。因此，系统必须提供几个按钮和一个操纵杆来操纵飞机的行为。用户与系统之间的交互机制是VR的第二条基本原理，它将VR与提供良好沉浸感但没有真正交互的应用程序区分开来。例如，电影院可以提供质量非常高的视觉和听觉感受，但对用户来说只有展开在屏幕上的故事却没有提供互动。最近很受欢迎的"VR视频"也是类似的，其唯一的交互是提供了可改变的视角（360°）。虽然这类应用程序是有用的，但它们不符合VR体验的标准，因为用户只是体验中的旁观者，而不是参与者。

让我们回到例子：为了尽可能再现现实，我们必须能使用有力的操纵杆来驾驶在空气阻力中飞行的飞机，通过制造阻力来模拟使用真正的操纵杆的体验。这种触觉信息显著增强了用户对虚拟环境的沉浸感。我们可以想象一下，进一步推动现实的忠实再现：我们可以提供一个真正的配备座椅和控制装置的飞机驾驶舱，这样我们能更好地适应外部屏幕，以确保出现在窗户和飞机的挡风玻璃上的合成图像是自然的。当我们给大脑额外的视觉信息（驾驶舱的部件）、听觉信息（按钮被点击或按下的声音）和触觉反馈（坐在飞机座位上的感觉）时，这种沉浸感会更好。毫无疑问，这种设备会让任何一个大脑相信，你真的是坐在驾驶舱里驾驶着一架飞机。当然，这些设备在现实中是确实存在的。这些飞机模拟器已经使用了很多年，首先用于训练军事飞行员，然后是商业飞行员，现在作为娱乐设备提供给那些想要感觉自己是在驾驶飞机的非飞行人员。

　　根据这个例子，我们定义虚拟现实是一种能力，能让一个（或多个）用户在虚拟环境中执行一系列真实任务。用户通过在虚拟环境中与系统互动和交互反馈，进行沉浸感的模拟。下面是关于这一定义的一些说明：

　　（1）真实任务：实际上，即使任务是在虚拟环境中执行的，它也是真实的。例如，你可以开始在模拟器中学习驾驶飞机（就像真正的飞行员所做的那样），因为你正在培养将在真正飞机上使用的技能。

　　（2）反馈：是指计算机利用数字信号合成的感官信息（如视觉、听觉、触觉），即对物体的组成和外观、声音或力的强度的描述。口交互反馈：这些合成操作是由相对复杂的软件处理产生的，因此需要一定的时间。如果持续时间太长，我们的大脑就会感知为一个图片的固定显示，接着是下一个图片。这样会破坏视觉的连续性，进而破坏运动的感觉。因此，反馈必须是交互的和难以觉察的，以获得良好的沉浸式体验。

　　（3）互动：这个术语指的是用户通过移动、操作和（或）转移虚拟环境中的对象，对系统行为起作用的功能。同样，用户也需注意到虚拟空间传递的视觉、听觉和触觉信息，如果没有互动，我们就不能称之为 VR 体验。

　　（4）设计：工程师使用 VR 技术已经有很长一段时间了，目的是帮助建筑或车辆的构建，或者是在这些物体内部或周围虚拟地移动来检测任何可能存在的设计缺陷。这些测试曾经使用复杂程度不断增加的模型（最高可达 1 级）进行，现在逐渐被 VR 体验所取代，后者更便宜，生产速度更快。必须指出的是，这些虚拟设计操作已经扩展到有形物体以外的环境中，例如，运动（外科、工业、体育）或复杂的科学实验计划。

　　（5）学习：正如我们在上面的例子中看到的，在今天，学习驾驶任何一种交通工具都是可能的，如飞机、汽车（包括 F1 赛车）、船舶、航天飞机或宇宙飞船等。VR 提供了许多优势：首先能保证学习时的安全性；其次可以复制，并可以轻易切入一些教学场景（模拟车辆故障或天气变化）。这些学习场景可以延伸到操作交通工具以外的更复杂的过程，如管理一个工厂或一个核中心的控制室，甚至通过使用基于 VR 的行为疗法学习克服恐惧症（动物、空白空间、人群等）。

　　（6）理解：VR 可以通过它提供的交互反馈（尤其是视觉反馈）提供学习支持，从而更好地理解某些复杂的现象。这种复杂性可能是由于难以触及有关的主体和信息，如在地下或水下进行石油勘探，想要研究的行星的表面，可能是我们的大脑无法理解的庞大数据，也可能是人类难以察觉的温度、放射性等。

三、虚拟现实的发展阶段

（一）萌芽阶段

许多方法（甚至在今天的虚拟现实中使用的方法）在"虚拟现实"出现之前已经得到了完善。我们首次通过绘画（史前）、透视（文艺复兴）、全景展示（18世纪）、立体视觉和电影（19世纪）以及二战时英国飞行员的训练飞行模拟器来展现现实。

20世纪30年代至70年代末是虚拟现实技术萌芽与诞生阶段，有声形动态的模拟是蕴含虚拟现实思想的第一阶段，此阶段虚拟现实技术没有形成完整的概念，处于探索阶段。

最早体现虚拟现实思想的设备当属1929年美国科学家爱德华·林克（Edward Link）设计的室内飞行模拟训练器，乘坐者的感觉和坐在真的飞机上的感觉是一样的。

1935年，美国著名科幻小说家斯坦利·温鲍姆（Stanley Weinbaum）发表了小说《皮格马利翁的眼镜》，书中描述主角精灵族教授阿尔伯特·路德维奇发明了一副眼镜，只要戴上眼镜，就能进入电影当中，"看到、听到、尝到、闻到和触到各种东西。你就在故事当中，能跟故事中的人物交流，你就是这个故事的主角"。这是学界认为对"沉浸式体验"的最初详细描写，是以眼镜为基础，涉及视觉、嗅觉、触觉等全方位沉浸式体验的虚拟现实概念萌芽。

1957年，美国电影摄影师莫顿·海利希（Morton Heilig）开始建造了一个叫作Sensorama（传感景院仿真器）的立体电影原型系统。1962年，世界上第一台VR设备出现，这款设备需要用户坐在椅子上，把头探进设备内部，通过三面显示屏来形成空间感，从而形成虚拟现实体验。同年，莫顿·海利希（Morton Heilig）申请了专利"全传感仿真器"。虽然该设备不具备交互功能，但莫顿·海利希（Morton Heilig）仍被视为"沉浸式VR系统"的实践先驱。

1965年，被称为"计算机图形学之父"与"虚拟现实之父"的美国科学家伊凡·苏泽兰（Ivan Sutherland）在国际信息处理联合会（IFIP）会议上发表的一篇名为《终极的显示》（The Ultimate Display）的论文，文中首次提出了包括具有交互图形显示、力反馈设备以及声音提示的虚拟现实系统的基本思想。他认为，"人们必须面对一种显示屏幕，通过这个窗口可以看到一个虚拟世界"。他对计算机世界提出的挑战是："必须使窗口中的景象看起来真实，听起来真实，而且物体的行动真实。"1968年，他开发了一款头戴式显示器，该立体视觉系统被称为"达摩克利斯之剑"，是真实的虚拟和增强现实设备的最早例子之一，能够显示一个简单的几何图形网格并覆盖在佩戴者周围的环境上（图1-1-1）。

1966年，美国麻省理工学院（MIT）的林肯实验室在海军科研办公室的资助下开始了头戴式显示器（HMD）的研制工作。在第一个头戴式显示器的样机完成不久，研制者又把能模拟力量和触觉的力反馈装置加入这个系统中，直到1970年才研制出世界上第一个功能较齐全的HMD系统。

图1-1-1 伊凡·苏泽兰（Ivan Sutherland）研制的头戴式显示器

（二）技术发展阶段

20世纪80年代是虚拟现实技术从实验室走向系统化实现的阶段，此阶段虚拟现实概念产生和理论初步形成，在军事与航天领域的应用推动下，出现了一些比较典型的虚拟现实应用系统。

20世纪80年代，美国宇航局（NASA）及国防部将VR技术应用于对航天运载器外的空间活动研究、空间站自由操纵研究和对空间站维修的研究等系列研究项目中。1984年，NASA Ames研究中心虚拟行星探测实验室的米特·麦格里维（M.McGreevy）和吉姆·汉弗莱斯（J.Humphries）联合开发出用于火星探测的虚拟环境视觉显示器，将火星探测器发回的数据输入计算机，为地面研究人员构造了火星表面的三维虚拟环境。1985年，NASA研制了一款安装在头盔上的VR设备，称之为"VIVEDVR"，其配备了一块中等分辨率的2.7英寸液晶显示屏，并结合了实时头部运动追踪等功能。其作用是通过VR训练增强宇航员的临场感，使其在太空能够更好地工作。1987年，吉姆·汉弗莱斯（Jim Humphries）又设计了双目全方位监视器（Binocular Omni-Oriented Monitor，简称BOOM）的最早原型。

1989年，美国生产数据手套的VPL公司创始人杰伦·拉尼尔（Jaron Lanier）正式提出了用"Virtual Reality"来表示虚拟现实一词，并且把虚拟现实技术开发为商品，大大推动了虚拟现实技术的发展和应用。

1990年，在美国达拉斯召开的计算机图形图像特别兴趣小组（SIGGRAPH）会议上，明确提出VR技术研究的主要内容包括实时三维图形生成技术、多传感器交互技术和高分辨率显示技术，为VR技术确定了研究方向。

（三）实验阶段

20世纪90年代为虚拟现实技术高速发展阶段，从20世纪90年代开始，计算机软硬件的发展为虚拟现实技术的发展打下了基础，虚拟现实理论进一步完善，以游戏、娱乐、模拟应用为代表的民用应用以及VR在互联网（Internet）上的应用开始兴起。VR技术的研究热潮也开始向民间的高科技企业转移，美国著名的VPL公司开发出世界上第一套传感数据手套命名为"数据丢失（Data Gloves）"，第一套HMD命名为"眼部电话（Eye Phones）"。

1991年，在IBM研究室的协助下，美国虚拟（Virtuality）公司开发了虚拟现实游戏系统虚拟（VIRTUALITY），玩家可以通过该系统实现实时多人游戏，由于价格昂贵及技术水平限制，该产品并未被市场接受。

1992年，美国Sense8公司开发出"World ToolKit"简称"WTK"虚拟现实软件工具包，极大缩短了虚拟现实系统的开发周期。同年，美国Cruz-Neira公司推出墙式显示屏自动声像虚拟环境（Audio-Visual Experience Automatic Virtual Environment，简称CAVE）。CAVE是世界上第一个基于投影的虚拟现实系统，它把高分辨率的立体投影技术、三维计算机图形技术和音响技术等有机地结合在一起，产生一个完全沉浸式的虚拟环境。

1993年，美国波音公司应用虚拟现实技术设计了波音777飞机。波音777由300多万个零件组成，这些零件及飞机的整体设计是在一个有数百台工作站的虚拟环境系统上进行的，在虚拟环境中实现了飞机的设计、制造、装配。设计师戴上头盔显示器后，就能穿行于这个虚拟的"飞机"中，从各个角度去审视"飞机"的各项设计，实际的运行中证明了真实情况与虚拟环境中的情况完全一致。这种设计大大缩短了产品上市时间，从而节约了大量不可预见的成本，提高产品的竞争力。

　　1994年，在瑞士日内瓦举行的第一届国际互联网大会上，科学家们提出了为创建三维网络的界面和网络传输的虚拟现实建模语言（Virtual Reality Modeli-ng Language，简称VRML）。1995年VRML1.0版本正式推出，1996年在对1.0版本进行重大改进的基础上推出了2.0版本，其中添加了场景交互、多媒体支持、碰撞检测等功能。1997年，经过国际标准化组织的评估后，VRML2.0成为国际标准，并改称VRML97。

　　由于VRML得天独厚的优越性，国外一些公司与机构做了大量的工作将其用于因特网上虚拟场景的构建。美国海军研究生学校（Naval Postgraduate School）与美国地质调查局（USGS）共同开发了基于VRML的蒙特利海湾（Monterey Bay）的虚拟地形场景；NASA的Goddard航天飞行中心也用VRML开发了一套系统用于实时监测和演示墨西哥西海岸的琳达（Linda）飓风；另两位美国学者用VRML（Virtual Reality Modeling Language）为地形、影像及GPS定位数据建模，开发了一套用于演示旧金山海湾地区公路长跑接力赛的系统，等等。1995年，日本任天堂（Nintendo）公司推出的32位携带游戏的主机"Virtual Boy"是游戏界对虚拟现实的第一次尝试，其技术原理是将双眼中同时产生的相同图像叠合成用点线组成的立体影像空间，但限于当时的技术，该装置只能使用红色液晶显示单一色彩。可惜由于理念过于前卫以及当时本身技术力的局限等原因，不久就销声匿迹，此后VR设备似乎就再也没有掀起过热潮。

（四）工业成熟阶段

　　2000—2010年属于工业成熟阶段。在专注于产品设计和学习如何驾驶车辆之后，VR的应用逐渐向维护和培训发展，以及使用模拟来控制工业过程（如从指挥室监视工厂）。我们也可以看到越来越多的应用程序使用VR，以便更好地理解真实环境，特别是帮助决定后续。以石油行业为例，研究底土能优化钻井的位置。甚至是在金融界，可视化地研究共享收益和增长曲线组成的空间，能更好地决定采取什么行动（买入、卖出）。在产品设计中以及项目评审期间，也能更好地理解、更好地决策，这减少甚至消除了对物理模型的需求。在设备方面，这10年间学术界和（大型）公司在安装沉浸式空间（CAVE，尤其是SGI现实中心）方面取得了重大进展。用户还可以很容易地找到捕获、定位和定向设备，如力反馈臂（触觉反馈）。最后，这一时期VR应用程序的发展出现了非常显著的变化：除了该领域先驱者采用的以技术为中心的设计方法之外，还出现了一种以人为中心的设计方法。这种变化是两个因素同时发生的结果：随着虚拟现实技术的日益普及，社会科学领域的研究人员，主要是认知科学领域的研究人员开始研究这一新范式。这开辟了未知的领域。应用程序开发人员注意到某些用途被拒绝以及某些用户体验到的不适，开始寻找不只是纯技术的解决方案。从研究人员获得的知识和结果与开发人员的需求的融合中，产生了一种考虑到人的因素的、关于应用程序的新思维方式，这种方法今天仍在使用。

（五）大众普及阶段

2010 年以后的大众普及阶段：最后一个时期的特点是新设备的大量出现，其费用比以前的设备低得多，同时提供了高水平的性能。这种反弹主要是由于智能手机和视频游戏的发展。尽管头戴式显示器在媒体上的曝光率最高（如 Oculus Rift、HTC Vive），但新的动作捕捉系统也出现了。这种爆炸式的增长导致媒体发表了许多相关文章，将这些技术的信息更广泛地传播给了公众。这些公告（即使是那些完全不现实的）首先面向那些小公司技术人员（小公司不像致力于设计 VR-AR 新用途的大型团体），其次直接向公众传达信息，并且可能让多个部门感兴趣。与这种新设备（这只是冰山一角）相对应的是，新的软件环境也建立起来了，它们通常来自视频游戏（比如 Unity 3D）。这使得来自上述中小企业的"新"开发人员能够独立开发他们的解决方案。

2012 年至今，虚拟现实技术产业化走向新阶段。消费级虚拟现实产品在这一阶段市场反响较大，虚拟现实技术的日渐成熟使产业化应用成为可能。在 2012 年，谷歌公司上市虚拟现实眼镜设备"谷歌眼镜（Google Glass）"，傲库路思（Oculus）公司发布虚拟现实头戴式显示器"Oculus Rift"，两家公司在虚拟现实领域展开竞争，掀起虚拟现实技术新一轮热潮。2014 年，互联网巨头脸书公司以 20 亿美元整体收购该公司，首席执行官扎克伯格认为 Oculus 会成为未来交流平台，预测虚拟现实技术将改变个人网络体验。此次收购事件标志着互联网公司开始涉入虚拟现实领域，虚拟现实技术作为经济驱动因素引起全球关注。同年，三星公司 Gear VR 与谷歌公司 Google Cardboard 先后问世，虚拟现实设备可获得性增强，用户更广泛地探索虚拟现实技术可能性。此后到 2016 年，宏达（HTC）公司开始对外销售 HTC Vive，索尼公司推出 Play Station VR。虚拟现实头戴式显示器设备领域最具竞争力的领先产品已全部出现，行业发展竞争势头凸显，2016 年也被视为虚拟现实技术发展的关键一年。2018 年，沃尔玛公司开始尝试使用虚拟现实技术进行员工培训，选择 10 家试点商店，未来将投资 17000 个 Oculus 耳机，使虚拟现实培训成为所有单位的标准。沃尔玛是美国最大的零售连锁企业之一，这个决定将把虚拟现实技术应用推向新的高度。虚拟现实技术应用领域不断拓展，社会和经济价值得到深度挖掘。

四、虚拟现实发展历程

（一）早期失利

电子游戏公司世嘉（Sega）曾推出了备受欢迎的"创世纪"经典游戏机——世嘉创世纪（Sega Genesis），该公司在 1993 年国际消费电子展（CES）上宣布推出适用于世嘉创世纪（Sega Genesis）的 Sega VR 头显。世嘉原本打算在 1993 年秋季以 200 美元的价格销售 Sega VR，当时这个价格还是很公道的。可惜，产品在研发过程当中遇到了很大的困难，最终未能面世。时任世嘉首席执行官的汤姆·柯林斯克（Tom Kalinske）表示，由于测试人员患上了严重的头痛和晕动症，导致 Sega VR 头显的研发被搁置——这是消费级游戏 VR 的首次大胆尝试，但很不幸地失败了。

与此同时，游戏业的另一家巨擘任天堂也决定发布其 VR 游戏机——虚拟男孩（Virtual Boy），这也是第一款能够显示 3D 立体图像的便携式游戏机。借助虚拟男孩（Virtual Boy），任天堂希望跳出传统的 2D 平面游戏领域，焕发更多创造力，用独家发明的新技术巩固任天堂的声誉。研发方面的问题同样困扰着虚拟男孩（Virtual Boy）。据说，由于彩色 LCD 显示屏在初期测试中存在图像闪烁问题，导致任天堂最终发布的虚拟男孩（Virtual Boy）只能继续采用红色 LED 显示屏。此外，按照最初的设计，虚拟男孩（Virtual Boy）本来是一种带有跟踪功能的头戴式系统，但由于担心晕动症问题和儿童患弱视的风险，任天堂将头戴式系统改成了桌面式。上市之后，差评如潮。虚拟男孩（Virtual Boy）未达到其销售目标，不到一年就从市场上消失了。

失败，远不止这些，还有很多尝试研发大众消费级 VR 设备的努力也失败了。VR 不得不回到实验室和科学界，发展推后了几十年。

（二）突破瓶颈

2010 年，一位名叫帕尔默·洛基（Palmer Luckey）的科技创业家对市场上现有的 VR 头显很不满意。昂贵、沉重、视域（用户可以看到的全部区域）很小、延迟（用户动作在显示设备上得以成功反馈的时间差）很高，用户体验差到了极点。为解决这些问题，他设计了一系列 HMD 原型，专注于实现低成本、低延迟、大视域和高舒适度。他的第六代产品被命名为 Oculus Rift，并在项目众筹网站 Kickstarter（企业筹资的众筹网站平台）上以 Rift Development Kit 1（DK1）之名推出，如图 1-1-2 所示。

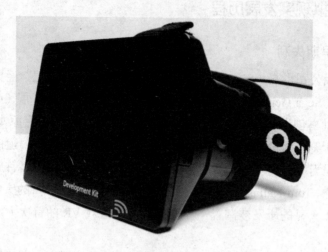

图 1-1-2　Rift Development Kit 1 （DK1）

（三）成为主流

AR 的普及速度非常惊人，谁都没料到手机会在其中起到这么大的作用。AR 本来与 VR 差不多，都被发明出来几十年了，依然是藏在深闺无人识。但随着近年来 VR 的兴起，人们的兴趣也开始慢慢增加。微软、易科生物（Meta）等公司新开发的产品虽已点亮了希望的曙光，但是离大范围普及还是遥遥无期，也没有谁知道什么时候那一天才会来临。

转折点出现在 2017 年。那一年，AR 在大众视野中终于开始大爆发；苹果公司和谷歌公司都发布了自己的 AR 产品，分别支持 iOS 和 Android 系统。尽管两家公司都没有公布确切的数字，但它们曾经估计到 2017 年年底，拥有支持 AR 套件或 AR 核心设备的用户数量超过 2.5 亿。已经默默无闻许久的 AR，突然迎来了市场的春天，庞大的消费者数量刺激着软件公司竞相为这个市场创造内容。举例说明：AR 游戏；将 3D 物体放置在真实房间里帮助进行室内装饰设计的应用程序；将规划路线或重要地标覆盖到真实世界之上的地图应用程序；还有仅需把手机摄像头对准外语标牌就能自动翻译的应用程序。

第二节　虚拟现实特征

一、虚拟现实的基本特征

1994 年，美国科学家格里戈尔·布尔迪亚（G.Burdea）和菲利普·柯菲特（P.Coiffet）提出了虚拟现实的三个基本特征，即交互性、沉浸性和构想性（Interaction、Immersion、Imagination，简称"3I"）。由于虚拟现实技术的硬件、软件和应用领域不同，"3I"的侧重点也各有不同。

（一）沉浸性

沉浸性又称临场感，是指用户感到作为主角存在于模拟环境中的真实程度。用户能够沉浸到计算机系统所创建的虚拟环境中，由观察者变为参与者，成为虚拟现实系统的一部分。用户在其生理和心理的角度上，对虚拟环境难以分辨真假，能全身心地投入计算机创建的三维虚拟环境中。该环境中的一切看上去是真的，听上去是真的，动起来是真的，甚至闻起来、尝起来等一切感觉都是真的，如同在现实世界中的感觉一样。沉浸性取决于系统的多感知性（Multisensory）。多感知性指除了一般计算机技术所具有的视觉感知之外，还有听觉感知、力感知、触觉感知、运动感知，甚至包括味觉感知和嗅觉感知等。理想的虚拟现实技术应该具有一切人所具有的感知功能。但由于相关技术，特别是传感技术的限制，虚拟现实技术所具有的感知功能仅限于视觉听觉、力感、触觉、运动等几种。当用户感知到虚拟世界的各种感官刺激时，才能产生思维共鸣，造成心理沉浸，感觉如同进入真实世界。

（二）构想性

构想性（Imagination）也称想象性，是指用户在虚拟空间中，可以与周围物体进行互动，从而拓宽认知范围，创造客观世界不存在的场景或不可能发生的环境的能力程度。构想性也可以理解为使用者进入虚拟空间，根据自己的感觉与认知能力吸收知识、发散思维，得到感性和理性的认识，在虚拟世界中根据所获取的多种信息和自身在系统中的行为，通过联想、推理和逻辑判断等思维过程，对系统运动的未来进展进行想象，以获取更多的知识，认识复杂系统深层次的运动机制和规律性。构想性使得虚拟现实技术成为一种用于认识事物、模拟自然，进

11

而更好地适应和利用自然的科学方法和科学技术。

借助于虚拟现实技术，让每一位参与者从处于一个具有身临其境的，具有完善交互作用能力的、能帮助和启发构思的信息环境，使人不仅仅靠听读文字或数字材料获取信息，而是通过与所处环境的交互作用，利用人本身对接触事物的感知和认知能力，以全方位的方式获取各式各样表现形式的信息。因此，虚拟现实技术为众多应用问题提供了崭新的解决方案，有效地突破了时间、空间、成本、安全性等诸多条件的限制，人们可以去体验已经发生过或尚未发生的事件，可以进入实际不可达或不存在的空间。

（三）交互性

交互性是指操作者对模拟环境内物体的可操作程度和从环境得到反馈的自然程度（包括实时性）。操作者进入虚拟空间，通过相应的设备让用户跟环境产生相互作用，当用户进行某种操作时，周围的环境也会做出某种反应。人能够以很自然的方式跟虚拟世界中的对象进行交互操作或者自主交流，着重强调使用手势、体势等身体动作（主要是通过头盔、数据手套、数据衣等来采集信号）和自然语言等自然方式的交流。例如，用户可以用手去直接抓取模拟环境中虚拟的物体，这时手有握着东西的感觉，并可以感觉到物体的重量，视野中被抓的物体也能立刻随着手的移动而移动。

（四）多感知性

所谓多感知是指除了一般计算机技术所具有的视觉感知之外，还有听觉感知、力觉感知、触觉感知、运动感知，甚至包括味觉感知、嗅觉感知等。理想的虚拟现实技术应该具有一切人所具有的感知功能。由于相关技术，特别是传感技术的限制，虚拟现实技术所具有的感知功能仅限于视觉、听觉、力觉、触觉、运动等几种。

二、虚拟现实技术演变过程

虚拟现实实际上是一种可创建和体验虚拟世界（Virtual World）的计算机系统。它是由美国 VPL 公司创建人杰伦·拉尼尔（Jaron Lanier）在 20 世纪 80 年代初提出的。其具体内涵是：综合利用计算机图形系统和各种现实及控制等接口设备，在计算机上生成的、可交互的三维环境中提供沉浸感觉的技术。其中，计算机生成的、可交互的三维环境称为虚拟环境。

2014 年 3 月 26 日，美国社交网络平台 Facebook 宣布，斥资 20 亿美元收购沉浸式虚拟现实技术公司 Oculus VR。Facebook 首席执行官马克·扎克伯特（Mark Zuckerberg）坚信虚拟现实将成为继智能手机和平板电脑等移动设备之后，计算平台的又一大事件。Facebook 将 Oeulus 的应用拓展到游戏以外的业务，在此之前，Oculus 主要用于为人们在游戏过程中创造身临其境的感觉。Facebook 收购 Oculus，使得虚拟现实这个科技行业小众的名词开始为更多非专业的人们所熟悉。业内人士称，虚拟现实时隔 7 年多，又迎来了春天。

2015 年 3 月在 MWC 2015 上，HTC 与曾制作 Portal 和 Half-Life 等独创游戏的维尔福集团（Valve）联合开发的虚拟现实头盔产品 HTC Vive 亮相。HTC Vive 控制器定位系统采用的是维尔福集团（Valve）的专利，它不需要借助摄像头，而是靠激光和光敏传感器来确定运动物体的位置，也就是说 HTC Vive 允许用户在一定范围内走动。这是它与另外两大头戴式显示设备 Oculus Rift 和 PS VR 的最大区别。

2016 年后，虚拟现实也已经从当年一种让人不太了解、充满新鲜感的全新技术，发展到一种很多人都习以为常的主流技术。到 2020 年，各种虚拟现实头戴设备纷纷出现又一消失，主打平价的移动 VR 技术也一度广为流行，而现在独立 VR 设备又开始成为主流。虽然我们不能说虚拟现实最近这四年没有任何进步，但给人的感觉仍然是还在期待一个爆发点，才能真正流行。

IDC 发布了《全球增强与虚拟现实支出指南》，到 2020 年，全球 AR/VR（增强与虚拟现实）市场相关支出规模将达到 188 亿美元，较 2019 年同比增长约 78.5%。其中，中国市场的 AR/VR 技术相关投资将于 2020 年达到 57.6 亿美元，占比超过全球市场份额的 30%，成为支出规模第一的国家，其次是美国 51 亿美元。同时，中国商用领域的 AR/VR 相关投资也将保持增长态势。在预测期内（2018—2023 年），中国 AR/VR 相关支出最高的商用行业依次为零售业、建筑业和流程制造业。至 2020 年，中国市场商用领域的应用场景中，支出规模较大的两项为培训和工业维修。而在消费者领域，支出规模较大的场景为 VR 游戏和 VR 视频。公共部门方面，支出规模较大的场景为 360° 教育视频。

第三节　虚拟现实系统的组成

一、虚拟现实系统的功能模块

虚拟现实的构建目标就是利用高性能、高度集成的计算机软、硬件及各类先进的传感器，去创造一个使参与者具有高度沉浸感、具有完善的交互能力的虚拟环境。一般来说，一个完整的虚拟现实系统包括虚拟世界数据库及其相应工具与管理软件，以高性能计算机为核心的虚拟环境生成器，以头盔显示器为核心的视觉系统，以语音识别、声音合成与声音定位为核心的听觉系统，以方位跟踪器、数据手套和数据衣为主体的身体方位姿态跟踪设备，以及味觉、嗅觉、触觉与力反馈等功能子系统（图1-3-1）。

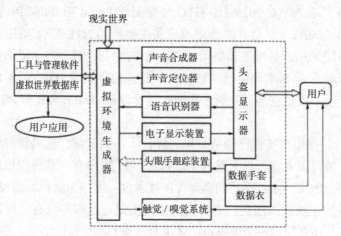

图1-3-1 虚拟现实系统的功能构成

虚拟现实系统包括检测、反馈、传感器、控制与建模等功能模块（图1-3-2）。

（1）检测模块：检测用户的操作命令，并通过传感器模块作用于虚拟环境。

（2）反馈模块：接受来自传感器模块信息，为用户提供实时反馈。

（3）传感器模块：一方面接受来自用户的操作命令，并将其作用于虚拟环境。另一方面将操作后产生的结果以各种反馈的形式提供给用户。

（4）控制模块：对各种传感器进行控制，使其对用户、虚拟环境和现实世界产生作用。

（5）建模模块：获取现实世界组成要素的三维表示，并构建对应的虚拟环境。

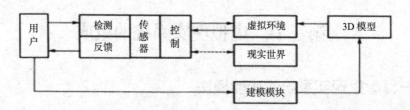

图1-3-2 虚拟现实系统的功能模块

二、虚拟现实系统的软硬件设备

典型的虚拟现实系统主要由软件系统（包括虚拟环境数据库、虚拟现实软件和实时操作系统语音识别与三维声音处理系统）和虚拟现实输入设备、输出设备、图形处理器和跟踪定位器等硬件系统组成。

（一）虚拟现实硬件系统

虚拟现实输入设备包括：三维位置跟踪器、数据手套、数据衣、三维鼠标、跟踪定位器、三维探针及三维操作杆等。虚拟现实输出设备包括：立体显示设备、三维声音生成器、触觉和力反馈的装置等。构造一个虚拟环境，在硬件方面需要有以下几类系统设备的支持：

1. 高性能计算机处理系统

高性能计算机是虚拟现实硬件系统的核心，它承担着虚拟现实中物体的模拟计算，虚拟环境的图像、声音等生成以及各种输入设备、跟踪设备的数据处理和控制。因此，对计算机的性能要求较高，如 CPU 的运算速度、I/O 带宽、图形处理能力等。目前中高端应用主要基于美国硅图（SGI）公司的系列图形工作站，低端平台基于个人计算机或者智能移动设备上运行，高性能计算机需具有高处理速度、大存储量强联网等特性。

2. 跟踪系统

用以跟踪用户的头部、手部的位置及方向，使计算机的图像能随用户头部和手的运动而发生变化。跟踪系统将获得的位置和方向信息送入应用软件中，以确定用户眼睛的位置及视线的方向，以便渲染下一帧图像，模拟用户在虚拟环境中的运动。

3. 交互系统

能使用户与虚拟空间中的对象进行交互，提供用户感知力与压力的反馈，包括数据手套、数据鞋、数据衣、味觉发生器等触觉识别设备等。

4. 音频系统

在虚拟现实中，复杂的虚拟环境除了有感觉之外，还有声音，它可以与视觉信息同时存在并进行交流。三维声音可以用不同的声音表现不同的位置，提供立体声源和判定空间位置，使用户有一种更加接近真实的虚拟体验。

5.图像生成和显示系统

用于产生立体视觉图像效果，实时地显示虚拟环境中计算机渲染对象的输出装置。常用的显示设备有头盔显示器（HMD）、眼镜显示器、支架显示器（BOOM）、全景大屏幕显示器（CAVE）。

（二）虚拟现实软件系统

虚拟现实软件系统功能主要是构建虚拟环境数据库、生成并管理虚拟环境；进行复杂的逻辑控制、模拟实时的相互作用、模拟用户所有的智能行为；模拟复杂的时空关系，主要涉及时间与空间的同步等问题；计算模拟感觉的表达，包括用户的听觉、视觉、触觉、味觉和嗅觉的计算机表达；实时数据采集、压缩、分析、解压缩；支持与虚拟环境交互的定位、操纵、导航与控制等。

在虚拟现实场景开发中，首要任务就是三维模型的构建，包括地形、建筑物、街道、树木等静态模型以及运动的汽车、飞鸟、行人等三维模型。虚拟现实要求三维建模软件系统具备实时应用特性，并支持大多数的硬件平台，如美国 Presagis 公司的天誉创高（Creator）就是符合这一要求的世界先进三维建模软件系统，它包括一套综合的强大的建模工具，具有精简的、直观的交互能力，运行在所见即所得的环境中。

三维模型建立后，要应用虚拟仿真技术（Vega Prime）视景仿真引擎进行特殊效果处理，以增强沉浸感。系统采用专用的传感器控制软件或自行开发的虚拟环境交互控制软件来接受各种高性能传感器的信息（如头盔、数据手套及数据服等的信息），并生成立体显示图形。除了以上软件以外，系统还需要动画软件、地理信息系统软件、图形图像处理软件、文本编辑软件以及数据库等软件的支持（图1-3-3）。

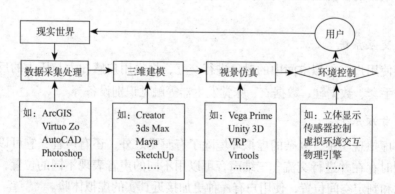

图 1-3-3　虚拟现实软件功能

虚拟现实软件是被广泛应用于虚拟现实制作和虚拟现实系统开发的图形图像三维处理软件。虚拟现实软件的开发商一般都是先研发出一个核心引擎，然后在引擎的基础上，针对不同行业，不同需求，研发出一系列的子产品。所以，在各类虚拟现实软件的定位上更多的是一个产品体系。其软件种类一般包括：三维场景编辑器、粒子特效编辑器、物理引擎系统三维互联网平台、立体投影软件融合系统和二次开发工具包，等等。

第四节 虚拟现实核心技术

一、人机交互

（一）声音生成技术

虚拟技术中的人—机—环境交互中需要生成逼真的三维声音信息。主要方法是建立音源的数据库、声音的环境特性数据库和方位脉冲响应数据库。然后通过三维声音的实时处理合成：音源的生成、声音与虚拟环境脉冲响应的卷积处理、声音与人耳滤波器的实时卷积、声音的各分量叠加得到三维的虚拟声音信号，经D/A变换后送耳机输出以实现三维的声音信息。听觉通道需解决的是为人的听觉系统提供感觉置身于立体的声场之中的、能识别声音的类型和强度并能判定声源的位置的接口。其技术难题在于合成由接口提供的虚拟声音信号并使声音在虚拟空间定位及发声设备的问题，目前主要采用立体音响和语音识别。

（二）语音交互技术

语音输入是一种很自然的输入方式，它能将不同种类的输入技术（即多通道交互）结合起来形成一种更有连贯性和自然性的界面。如果功能适当，尤其是用户的两只手都被占用的时候，语音输入将成为虚拟现实用户界面中很有价值的工具。语音有许多理想的特点：它解放了用户的手；采用一个未被利用的输入通道；允许高效、精确地输入大量文本；是完全自然和熟悉的方式。在虚拟现实用户界面中，语音输入尤其适合非图形的命令交互和系统控制，即用户通过发布语音命令来请求系统执行特定的功能、更改交互模式或者系统状态。此外，语音输入也为虚拟现实中的符号输入提供了一种完整的手段。这主要有三种方式：单字符语音识别、非识别语音输入和完整单词语音识别。虚拟注解系统是使用非识别语音输入的一个虚拟现实用户界面范例。由于语音界面对于用户来说是"不可见的"，用户通常不需要对语音界面可执行的功能有一个总的视图，因此为了捕捉用户的真实意图，就需要通过语义和句法过滤实现纠错（使用语义或者句法的预测方法来限制可能的解释），或者是使用形式化的对话模式（问答机制）。由于语音技术初始化、选择和发布命令都在一次完成，有时可以用其他的输入流（如按键）或者一个特殊的声音命令初始化语音系统。这消除了一个语音开始的歧义，称为"即按即说"（push-to-talk）系统。

语音交互主要有两种方式：语音识别和语音对话系统。在使用语音交互开发虚拟现实人机交互时，首先要考虑语音界面要执行的交互任务，交互任务将决定语音识别引擎的词汇量大小，即任务和它所运行的范围越复杂越需要更多的词汇量。对于仅有少量功能的应用，采用简单的语音识别系统可能就足够了，高度复杂的应用则需要包含语音对话系统来保证理解语音输入的全部功能。

（三）手势识别技术

人与人之间交互形式很多，有动作和语言等多种。在语言方面，除了采用自然语言（口语、书面语言）外，人体语言（表情、体势、手势）也是人类交互的基本方式之一。与人类交互相比，人机交互就呆板得多，因而研究人体语言识别，即人体语言的感知及人体语言与自然语言的信息融合，对于提高虚拟现实技术的交互性有重要的意义。手势是一种较为简单、方便的交互方式，也是人体语言的一个非常重要的组成部分，它是包含信息量最多的一种人体语言，与语言及书面语等自然语言的表达能力相同。因此在人机交互方面，手势完全可以作为一种手段，因为它生动、形象、直观，具有很强的视觉效果。

手势识别系统的输入设备主要分为基于数据手套的手势识别系统和基于视觉（图像）的手势识别系统两种。基于数据手套的手势识别系统的优点是系统的识别率高，缺点是做手势的人要穿戴复杂的数据手套和位置跟踪器，相对限制了人手的自由运动，并且数据手套、位置跟踪器等输入设备价格比较昂贵。基于视觉的手势识别是从视觉通道获得信号，有的要求人要戴上特殊颜色的手套，有的要求戴多种颜色的手套来确定人手部位。通常采用摄像机采集手势信息，由摄像机连续拍摄手部的运动图像后，先采用轮廓的办法识别出手上的每一个手指，进而再用边界特征识别的方法区分出较小的、集中的各种手势。该方法的优点是输入设备比较便宜，使用时不干扰参与者，但识别率比较低，实时性较差，特别是很难用于大词汇量的手势识别。手势识别技术研究的主要内容是模板匹配、人工神经网络和统计分析等。模板匹配技术是将感器输入的数据与预定义的手势模板进行匹配，通过测量两者的相似度来识别出手势；人工神经网络技术具有自组织和自学习能力，能有效地抗噪声和处理不完整的模式，是一种比较优良的模式识别技术；统计分析技术是通过基于概率的方法，统计样本特征向量确定分类的一种识别方法。手势识别技术的研究不仅能使虚拟现实系统交互更自然，同时还有助于改善和提高聋哑人的生活、学习和工作条件，同时也可以应用于计算机辅助哑语教学、电视节目双语播放、虚拟人的研究、电影制作中的特技处理、动画的制作、医疗研究、游戏娱乐诸多方面。

二、三维交互技术

（一）三维建模技术

虚拟现实的核心是构建虚拟环境。三维建模不仅要求虚拟环境真实可信，还强调可交互性，电影、建筑、游戏等不同领域三维建模技术重点与方式存在差异。直到 21 世纪初期，基于图像的三维建模仍是相对经济灵活且广泛使用的方法，要点在于从二维图像中确立关键控制点后创建三维模型。三维激光扫描点云建模技术精确度比图像建模更高，能够以毫米级精确度来重建三维模型，最大限度还原真实环境。2019 年，有研究者提出在牙科教育和治疗中引入三维建模技术，这既可增强牙科学生可视化学习效果，也可使患者直观了解治疗方法和结果。从数据采集开始，到计算机上完成可视交互的三维虚拟模型结束，这是三维建模的完整过程。

（二）三维显示技术

人类所处物理世界是三维空间，但传统显示技术只展现水平和垂直维度形成的二维平面，缺少深浅维度信息。随着光学、电子、激光等技术发展，三维显示技术被引入市场。当前三维显示技术主要可归为四大类：3D 电影、舞台全息图、全息投影和体积三维显示。有研究者认为三维显示技术是进入虚拟世界的窗口，用户可以通过该窗口感知与真实世界相同的 3D 场景。近几年，三维显示技术研究重点是解决传统方法障碍，伊利诺伊大学研究员崔（W.Cui）和高（L.Gao）在2017 年提出一种用于可穿戴设备的光学映射近眼（OMNI）三维显示方法，核心是将眼睛调节到与双目立体视觉相同距离，缓解眼疲劳和不适。与以前方法相比，此款显示器在适应性、图像动态范围和刷新速率方面具有突出优势。

（三）三维音频技术

为了使用户沉浸在虚拟环境中，必须允许用户在三维空间中任意地方感知声源位置。三维虚拟音频的基础在于将听觉信号呈现给用户耳朵，使这些信号与模拟环境中用户所接收的信号等价。在2018年召开的IEEE游戏、娱乐、媒体（GEM）大会上，一些学者强调在虚拟环境中三维虚拟音频对用户重要性，高质量音频可改善用户虚拟体验。他们认为良好的空间音频不仅使用户更深地沉浸在虚拟环境中，而且是用户获取环境信息的重要渠道。高保真但有效的声音模拟是任何虚拟现实体验的基本要素，一些学者试图找出声音模拟准确性和合理性之间的权衡。当虚拟音频嵌入沉浸式虚拟环境中，在多感知交互条件下静态声音作用可能会失效。这是未来研究重点，声音合成、传播和渲染逐渐成为与虚拟现实技术相关的重要研究领域。

（四）系统集成技术

系统集成（System Integration，简称SI）是通过各种技术整合手段将各个分离的信息和数据集成到统一的系统中。VR系统中的集成技术包括信息同步、数据转换、模型标定、识别和合成等技术，由于VR系统中储存着许多的语音输入信息、感知信息以及数据模型，因此VR系统中的集成技术就变得非常重要。

三、感知交互

（一）体感交互

技术通过动作、声音或表情等身体自然行为来与虚拟环境进行非接触交互，这是体感交互技术。国外学者普遍认为体感交互技术是虚拟现实的关键组成部分，在虚拟现实培训中发挥重要作用。体感交互代表性设备是微软公司2010年公开发布的"Kinect"，它具备动作捕捉、手势与面部表情识别等多种功能，可应用于课程培训、游戏娱乐、虚拟更衣等领域。通过使用"Kinect"，借助三维人体动作捕捉算法，能让用户以自然的方式与他们的身体互动。有研究者提出一种用于测量下肢关节运动的软性运动传感装置，可有效改善现有技术在移动性和耐磨性方面存在的不足。体感交互技术研究重点在于识别精确度与广泛性，增加感官刺激可以增强用户"存在感"。

（二）触觉交互技术

触觉通道给人体表面提供触觉和力觉。当人体在虚拟空间中运动时，如果接触到虚拟物体，虚拟显示系统应该给人提供这种触觉和力觉。

相对于传统的视觉交互和听觉交互，触觉交互能使用户产生更真实的沉浸感，在交互过程中有着不可替代的作用。传统人机界面中的力/触觉交互把力/触觉交互看作为界面交互中的一种特殊输入输出方式，作为输入设备时，它们用来捕捉用户动作，作为输出设备时它们为用户提供触觉体验。虚拟现实中的力/触觉交互则以自然交互为研究重点，是未来人机交互的重要发展方向。

在虚拟现实系统中，为了提高沉浸感，参与者希望在看到一个物体时，能听到它发出的声音，并且还希望能够通过自己的亲自触摸来了解物体的质地、温度、重量等多种信息后，这样才觉得全面地了解了该物体，从而提高 VR 系统的真实感和沉浸感，并有利于虚拟任务执行。如果没有触觉（力觉）反馈，操作者无法感受到被操作物体的反馈力，得不到真实的操作感。触觉感知包括触摸反馈和力量反馈所产生的感知信息。触摸感知是指人与物体对象接触所得到的全部感觉，包括有触摸感、压感、振动感、刺痛感等。

触摸反馈一般指作用在人皮肤上的力，它反映了人触摸物体的感觉，侧重于人的微观感觉，如对物体的表面粗糙度、质地、纹理、形状等的感觉；而力量反馈是作用在人的肌肉、关节和筋腱上的力量，侧重于人的宏观、整体感受，尤其是人的手指、手腕和手臂对物体运动和力的感受。比如，用手拿起一个物体时，通过触摸反馈可以感觉到物体是粗糙或坚硬等属性，而通过力量反馈能感觉到物体的重量。由于人的触觉相当敏感，一般精度的装置根本无法满足要求，所以触觉与力反馈的研究相当困难。目前大多数虚拟现实系统主要集中并停留在力反馈和运动感知上面，其中，很多力觉系统被做成骨架的形式，从而既能检测方位，又能产生移动阻力和有效的抵抗阻力。面对于真正的触觉绘制，现阶段的研究成果还很不成熟。对于接触感，目前的系统已能够给身体提供很好的提示，但不够真实；对于温度感，虽然可以利用一些微型电热泵在局部区域产生冷热感，但这类系统价格昂贵。

第二章 虚拟现实与增强现实

本章为虚拟现实与增强现实，主要介绍了四个方面的内容，依次是增强现实概论、虚拟现实与增强现实结合发展、虚拟现实与增强现实对行业转型的影响、虚拟现实与增强现实的未来。

第一节 增强现实概论

一、增强现实概述

AR 的目标是通过添加与真实环境相关的数字信息来丰富对该环境的感知和认知。这些信息通常是视觉，有时是听觉，少部分是触觉。在大多数 AR 应用程序中，用户通过眼镜、耳机、视频投影仪甚至是手机或平板电脑来可视化合成图像。这些设备之间的区别是基于前三种设备提供的信息叠加到自然视觉上，而第四种设备只提供远程查看，这导致某些作者将其排除在 AR 领域之外。

为了说明这一点，让我们以一个希望建造房屋的用户为例。一开始，他们只有蓝图，但 AR 允许他们在场地周围移动，可视化未来的建筑（将合成图像叠加到他们对真实环境的自然视觉上），感知总体体量和植入景观。当进入到建造阶段，在仍在建造的建筑中可视化以不同布局布置的涂漆墙壁或家具，用户可以比较几个不同设计或装修方案。除了室内设计和家具，电工也可以可视化绝缘材料的位置，管道工也可以可视化管道的位置，即使这些管道隐藏在混凝土后面或墙上。除了位置，电工还可以看到传输电流强度所需的线路直径，而管道工通过颜色可视化，可以看到供水的温度。

23

为什么要开发 AR 应用程序？有以下几个重要的原因：

（1）辅助驾驶：最初是在驾驶舱屏幕上显示关键信息来帮助战斗机飞行员，这样他们就能实时看到刻度盘或显示器（这在战斗中是至关重要的），AR 逐渐向其他车辆（民用飞机、汽车、自行车）开放了辅助驾驶功能，包括 GPS 等导航信息。

（2）旅游业：通过对纪念碑和博物馆的 AR 设计，游客可获得音频导游的功能，某些网站提供了结合图像和声音的应用程序。

（3）专业手势帮助：为了指导特定专业用户的活动，AR 可以让更多的信息覆盖到他们在真实环境中的视野。这些信息在真实环境中可能是不可见的，因为它们通常是"隐藏"的。因此，外科医生可以更有把握地进行手术，方法是把他们看不见的血管或解剖结构可视化，或者参与建造飞机的工人可以直观地在机身上直接叠加一幅钻孔图，而不需要亲自测量，从而使飞机获得速度、精度和可靠性。

（4）游戏：虽然得益于 2016 年口袋妖精 GO（Pokemon Go）的推广，但整体来说，AR 很早以前就通过使用如 Morpion、PacMan 或 Quake 增强版游戏等方式进入了这一领域。很明显，基于这项技术这个领域将会有更多的发展，这使现实环境和虚构的冒险结合成为可能。

尽管 VR 和 AR 共享算法和技术，但它们之间却有着明显的区别。主要的区别是在 VR 中执行的任务仍然是虚拟的，而在 AR 中它们是真实的。例如，你驾驶的虚拟飞机从未真正起飞，因此在现实世界中从未产生二氧化碳，但使用 AR 的电工可能会穿过石膏隔板安装一个真正的开关，可以打开或关闭一盏真正的灯。

关于 AR，许多科学家已经提出了简洁的定义。例如，1997 年纳德·阿祖玛（Ronald Azuma）将 AR 定义为验证符合以下三个属性的应用程序集合：真实与虚拟的结合；实时交互；实与虚的结合（如重新校准、遮挡、亮度）。

二、增强现实技术的实际应用

2016 年，《精灵宝可梦 Go》让很多玩家首次见识到了增强现实（AR）技术。这款游戏具备最基本的 AR 体验，宝可梦的形象可以叠加在手机实时捕获的画面上。但 AR 技术本身可不是这个时候才问世的，实际上它早就在制造、维修等工业领域有了广泛的应用。虽然消费者可能是通过游戏才知道 AR 的，但业内通常把 AR 看作是未来的工作帮手，相比之下，VR 才是娱乐之王。

目前，微软和 Meta 等厂商把 AR 更多地投向了工作领域，因为 AR 不同于 VR，它更开放，更适合协同工作环境。而 VR 天然具有封闭的特性，如果想把它用在工作场合，恐怕需要颠覆人们目前的工作格局——包括开发全新的软硬件系统。

但是，如果由此就认为 VR 和 AR 永远都是老死不相往来，那就太过简单了。VR 在工作和实用领域有很多用途，AR 在游戏和娱乐领域亦然。如果给予足够长的时间，这两个领域也许都会把工作和娱乐融合在一起。

为了更好地说明问题，下面列举了一些 AR 应用的例子，但例子本身不重要，重要的是把例子当成启迪思维、放飞梦想的跳板。而且由于 AR 实在是太年轻，书中举的例子无论是功能还是造型都不见得是最理想的。所以应该尽量用批判的眼光看它们，同时问问自己：是什么东西使之与众不同？在其他类型的设备上能不能运行得更好（如移动版的 App 在可穿戴设备中表现如何）？拥抱 AR 对该技术的未来意味着什么？

（一）艺术行业

VR 世界已经开始涉猎艺术领域，AR 同样如此，而且同样有人在质疑 AR 艺术到底算不算艺术。

艺术领域向来如此，总有人在为这种问题争来争去，AR 也不例外，而它的本质甚至会使这个问题更严重。很多人认为艺术是个很高深的领域，真正的"艺术品"也只能在画廊或博物馆里见到，但现在 AR 再一次把艺术的本质问题抛了出来，上一次做这件事的人是街头的涂鸦艺术家，已经几十年了。其实，AR 能让那些根本没时间去画廊或艺术展的人更容易接触到艺术。有了 AR，艺术可以无处不在——只要我们知道怎么找。

1.AR 虚拟画作

走在由弗兰克·盖里（Frank Gehry，美国国籍，当代著名的解构主义建筑师，因设计具有奇特不规则曲线造型和雕塑般外观的建筑而闻名）设计的脸书（Facebook）总部 20 号大楼里，常常有人透过手机摄像头盯着一面看上去什么都没有的又高又大的白色墙壁看。肉眼看上去确实什么都没有。但一旦打开 Facebook Camera（脸书摄像头）这款 App，就会发现墙上是一幅 AR 画作。

希瑟·戴（Heather Day）就是创作这幅画的画家，生活在加州，工作也在加州，从印象笔记（Dropbox）到爱彼迎（Airbnb），很多知名的科技公司都有她的作品，她主要用颜料及一些非常规材料来创作抽象的壁画。

Facebook 显然被希瑟·戴（Heather Day）之前的作品打动了，所以邀请了她，摄制组还用视频记录了她的创作全过程，于是双方就这样把一笔一笔的绘画过程构筑成了一座数字资料库。结合墙的 3D 模型，脸书（Facebook）和 Heather Day

又把动画标记置入背景中，通过 AR 技术就可以让它们动起来。

最终的创作成果就放在脸书（Facebook）的总部。马克·扎克伯格是在 F8 开发者大会上为这幅作品揭幕的。他说："有了增强现实技术，你就能在整个城市中创作和发现艺术。"

至于希瑟·戴（Heather Day）的这件作品，由于具备与环境的互动能力，被扎克伯格称为"这是现实中不可能做得出来的东西……"

2.AR 艺术作品

色拉布（Snapchat）走了一条与脸书（Facebook）差不多的 AR 艺术道路，但能看到其的人更多。

2017 年秋，色拉布（Snapchat）和画家杰夫·昆斯（Jeff Koons）共同花了几个星期的时间给他的作品制作了一个 AR 版，叫作环球镜头（Snapchat World Lens）。该 APP 用户可以在很多城市（包括芝加哥、纽约、巴黎和伦敦）利用 AR 解锁杰夫·昆斯（Jeff Koons）最著名的作品。用户必须在距离"展示"这幅作品的位置 300m 以内，而且该 APP 要保持打开状态，才看得到作品。距离足够近的时候，会有箭头把用户指到正确的位置，作品随后就会以"3D 环球镜头"的形式出现在手机上。

所谓"3D 环球镜头"，其实就是色拉布（Snapchat）的 AR 滤镜，用户玩的时候，可以在身边的环境中使用它。AR 滤镜的主要作用是把简单的全息影像，如跳舞的热狗，放到用户身边的环境中。像百威轻啤和华纳兄弟这样的品牌也在试着研发"植入自家广告"的镜头，使用户能够在环境中添加虚拟啤酒店或未来派汽车。

有趣的是，这件事遭到了圈内一些人的强烈反对，他们认为这是商业机构悍然渗入公共空间的恶劣行径。设计师塞巴斯蒂安·埃拉苏里兹（Sebastian Errazuriz）甚至对杰夫·昆斯（Jeff Koons）的作品进行了破坏，当然也是虚拟的。

塞巴斯蒂安·埃拉苏里兹（Sebastian Errazuriz）在 Instagram 上说："我们进入 AR 生活太快了。一家公司，想在哪儿贴 GPS 标签就在哪儿贴，这太过分，我们不应该无偿让出我们的虚拟公共空间，这是属于大家的。"塞巴斯蒂安·埃拉苏里兹（Sebastian Errazuriz）说，大家要有能力向这些公司收取租金。数字空间，不管是公共的还是私人的，能不能贴标签，取决于公众。

（二）医疗行业

医疗行为是高级的信息处理行为。医疗人员将对治疗对象的患者问诊和通过检查而获取的各种医疗信息或者医疗本上记载的过往记录，与自己头脑中积累的各种医学知识或当前使用的各种资源进行比照做出相应的判断。另一方面，医疗行为也是高级的技能行为。对人体这样非常纤细的对象实施手术或处置，有时连毫米单位的失误都不能容忍。近年来，快速发展的信息通信技术正在显著地改变医疗环境。医院信息系统（Hospital Information System，HIS，以下简称HIS）已经渗入医院业务的各个方面，所有的临床指示和诊断记录都在计算机上传递交换，作为电子病历的一部分内容存储在计算机里。存有了信息，计算机便可以根据这些信息辅助做出相关的决策。基于过敏史等患者的简历信息，检查诊断或处方错误的简单临床决策支持系统（Clinical Decision Support System，CDSS）已经普遍得到应用，就连引入先进的人工智能技术作为医生的合作者进行诊断决策也在探讨之中。

增强现实正在成为将这些重要信息与高级技能结合起来的重要支持技术。重要的支持信息如果全都被封闭存在计算机里，在发挥技能的那一刻也就根本不可能信手拈来。结果导致，血小板生成素（TPO）超常警告动辄被忽视，特意准备的信息在需要的时候却被忘得一干二净。事实上，近年报道出来的医疗事故（失误）有集中于HIS与临床现场之间环节的倾向。因此，对将信息通道贴近现实世界的增强现实技术期待颇高。

1. 诊疗现场应用

增强现实技术将计算机生成的信息叠加呈现在现实世界中，可以利用这些附加上的信息对某些行动或操作提供支持，如汽车驾驶导航、机械等设备维修等。医疗从业者的诊疗行为需要进行大量的信息处理，可否利用增强现实技术予以支持，应该是信息通信技术人员和医疗相关方共同关注的想法。诊疗现场要求医疗信息能够实时地被提供给医疗从业者，包括基础医学知识（解剖学、生理学等）、临床医学（内科学、外科学等）、患者基本信息（过敏史、有无感染等）及新疗法、新器具、新药品等。一般财团法人医药文献信息中心所登录的1983年以后的医药文献信息就属于医疗信息。该信息量已经庞大到约为40万份，如果没有计算机的帮助，要想在这些信息中检索到药品的过敏性绝非易事。如果根据现场人员的请求，在HIS上检索到的结果能够即时通过增强现实展示出来，将是医疗的福音。这里介绍门诊医疗现场的增强现实技术的应用。

（1）门诊医疗的特点：基于增强现实的医疗支持要求对现场事态能够产生即时反应。门诊医疗现场具有以下特点。

①患者存在：利用增强现实呈现帮助信息，有时会出现传达不畅的情况，需予以关注。

②保持清洁：医护人员进行外科处置、验血处置时，必须保持手指清洁。操作信息设备时，有时医护人员不允许触摸鼠标、键盘等。

③诊疗流程：大多数门诊诊疗按部就班进行，但有时也需要进行意外的处置或中间环节调整。偏离规定操作流程时，有时涉及医护人员配置的调整，那么需要的信息也将发生相应的变化。

（2）必要的信息支持：即使是知识丰富、技法娴熟的医生，也可能会因为弄错处置对象患者的血型而招致致命的医疗事故。医生和护士需要的信息如果能够利用增强现实技术加以简单呈现，应该能够起到减少医疗事故的作用。这些信息包括：

①患者基本信息：特别是诊疗患者时绝不能忘记的感染症、禁忌药品等特别关注的事项。

②平时诊疗少用的疗法和药品信息：医生虽然知识丰富，但对一些很少使用的器具或药品也未必了然于心。

另外，考虑到有限医疗资源的分配问题，如果现场也能够知道等候患者人数等信息，那就再好不过了。

（3）增强现实信息的呈现：由于硬件日益小型化和廉价化，诊疗室也增加使用了各种信息通信设备。近年来，诊疗室的医生使用 HIS 便可以检索图像、文字等多种数据。考虑到门诊的上述特点，将增强现实信息呈现给医疗从业者，仍然存在很多需要关注的问题。智能手机、平板终端已普及使用，可以考虑加以利用。但是医生或护士必须对患者进行某些处置时，手持平板终端的使用便受到限制。将信息投射到安放在诊疗室内投影屏幕上的呈现方式虽然也可以，但是有些信息并不宜让患者看见。医护人员在诊疗过程中需要移动，能够始终将信息呈现在用户视野里的头盔式显示器（Head Mounted Display，简称 HMD）被认为是比较合适的设备，今后有望开发研究出更多的应用系统。关于增强现实信息操作界面工具，由于诊疗室有的地方必须保持清洁，所以鼠标或键盘是不能使用的。呈现信息的操作方式可以考虑有语音输入、基于简单手势的姿势输入、脚踏开关等。语音输入方式对于不希望患者听见的场合有时并不适用，姿势输入方式在手术中实际上是不可操作的（种种问题存在）。因此，开发实际应用系统时，必须要准确把握实际状况、访谈分析，并整理出各种各样的约束条件。

（4）门诊应用的注意事项：患者病历中记载的基本信息很多，从姓名、生日到血型、过敏史、用药史、检查结果、诊断、处置过程等，依据这些信息对患者进行诊疗。为了顺利进行诊疗，诊疗室内除了主治医生，护士、检查技师等医疗从业者也担负着重要的责任，需要把握好包括人员与诊疗室环境等综合状况。

为了使增强现实更好地适应诊疗现场，不仅需要导入轻量小型高性能的设备，更重要的是需要详细分析诊疗流程，确定合适的呈现内容、与状况一致的呈现方式及操作方法。

2. 手术导航

手术导航很早就作为增强现实医疗应用的方向。增强现实手术导航旨在实现安全高效的手术，能够人工地产生以下情形。

（1）透视：原本藏在内部看不见的器官穿透可见。

（2）障碍：提示重要组织的存在，产生躲避力（排斥力）。

在很多情况下，从体表无法观察到体内的脏器或者体内的对象脏器或血管隐藏在脂肪下面不可见，因此可以创造出这样一种情景，体表或脂肪如同透明化物体可以视觉穿透，从而能够确认本来无法直接观察到的患部位置引导接近对象脏器。另外，在手术器械到达患部之前存在损伤血管或神经等重要组织的危险，那么也可以创造出这样一种情景，如同存在障碍一般，当手术器械接近重要组织时发出警告或产生排斥力。这样一来，便可以提高手术操作的安全性，不至于失手损伤重要的组织（图 2-1-1）。

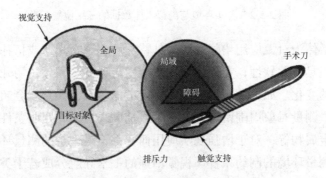

图 2-1-1　基于视觉、触觉的增强现实手术导航

增强现实技术通过视觉或触觉的感知设备实现上述情形，从而支持外科手术更安全、更有效地实施。医疗现场为了观察人体形态信息，采用 X 光、CT、MRI（核磁共振）等获取断层图像后，通过利用这些断层图像进行三维模型重建，形成三

维体数据。体数据除了用作叠加信息之外，还可以当作信息空间里的人体模型数据，成为下面介绍的三维位置配准的特征形状。

为了实现手术导航，需要测量现实空间中内窥镜摄像机等手术器械的三维位置和姿态。通常需要知道工具的前端位置，或者将传感器置于工具前端，或者如果直接测量前端有困难的话，可以根据工具前端以外可测量的部位测算出前端位置。具体而言，前者多采用磁场传感器等，而后者多采用光学标识等。

另外，为了实现手术导航，还必须实现将信息空间的人体数据与现实空间人体对应起来的三维位置配准。如图 2-1-2 所示，是现实环境与虚拟人体数据的三维位置配准，给出了将人体数据上的标识或特征形状与现实空间手术室所测得的人体位置进行配准的情形。

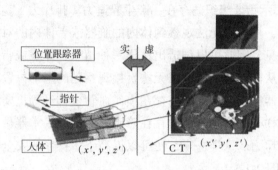

图 2-1-2 现实环境与虚拟人体数据的三维位置配准

以生物活体为对象应用增强现实，其特殊性表现在几何或拓扑具有动态可变性。活体组织具有柔软性，在外力作用下会发生形变。另外，切开或剥离也会导致拓扑结构的变化。如果还假设为刚体进行考虑的话，误差就会超出实际。有时在手术室里，测量对象周围留有外科医生或辅助人员、无照明条件下的手术、手术台上遗留金属物等，对于增强现实应用而言都不是理想的测量环境条件，因此要充分考虑测量环境的制约条件。视觉增强的手术导航分成若干类型：以患者体表或体内组织作为投影屏幕、图像投影到设在外科医生与患者之间的半透过式屏幕上、HMD（头盔式显示器）、图像叠加呈现在位于人体位置之外的外部监视器等。

触觉增强的手术导航将从工具得到的操作感觉及工具与虚拟障壁之间距离所对应的虚拟触觉呈现给用户。但是在很多场合需要将虚拟触觉呈现到与获得操作感觉的空间坐标系无关的身体位置处，如额头、舌等。这是因为手指和工具之间安装有显示装置，从工具获得的触觉有所损失。另一方面，有的研究也在探讨通过远程作用使操作感觉的坐标系与虚拟感觉的坐标系统一的方法。例如，经皮神经电刺激在电极位置不同的部位产生触觉的触觉呈现法等。

早些时候有名的是罗恩·基基尼斯（Ron Kikinis）等人开发的头部叠加脑图像的增强现实导航系统。近年来，血管位置叠加图像系统等实现了产品化，目前正在开展变形脏器叠加图像技术的研究。

一般外科手术按用途可分为以下手术方式，随着技术的发展，这些手术方式今后也将发生显著的变化。

（1）开胸开腹手术：将胸部或腹部切开，外科医生直接接触对象器官实施手术。外科医生可以直接观察和接触患部，但伤口较大，引发感染的危险性高。

（2）内窥镜外科手术：在体表开小孔，插入替代眼睛的内窥镜摄像机和替代手指的手术钳而完成的微创手术。创口小，外观不明显，住院期短。

（3）机器人手术：外科医生操作主控方的界面，受控方的机械臂完成患者的处置手术。手术中机械臂多自由度的特长得以发挥，有益于狭窄空间里的处置。不同的手术形态适用的增强现实技术也不同。开胸开腹手术，外科医生直接观察患部，一般可以将人体当作屏幕的一部分，如将视野投影在体表上，也可以在医生和患者人体之间放置半透镜等，将图像叠加其上。内窥镜手术，其手术形态本身是通过内窥镜摄像机观察患部，一般是对摄像机获得的图像人工地叠加呈现其他相关图像。机器人手术基本上与内窥镜手术相同，摄像机获得的图像得到了增强呈现。

3. 远程医疗交流应用

远程医疗需要用某种输入装置将所有必要的信息转为数据，通过网络进行传递，再用某种输出装置进行输出。增强现实在远程医疗中的作用应该是为异地间的信息传递、信息共享和交流提供支持。远程医疗大致可以分成两种：一种是与远程图像诊断一样的、信息传递和诊断分别进行的积累方式；一种是与远程诊疗一样的、信息传递与诊断实时进行的同步方式。增强现实对于需要迅速判断与信息交互交流的同步方式的远程医疗应该更为有效。

诊疗所用信息中不仅有医生有意识确认和收集的信息，也有医生无意识确认的信息。例如，初期诊疗时的听诊，医生使用听诊器听声音进行诊断，当听诊器的位置在某种程度上反映需要确认的症状时，医生会根据当前听诊器的位置一边确认一边移往更确切的位置。

关于听诊器的触听方式，为了获得利于诊断的足够好的听诊音质，需要以平均合适的接触力度将听诊器压在体表合适的位置上。医生根据持有听诊器的手部感觉微调听诊器的触听位置。另外，胸部诊听可能会听到心音、血液流声、呼吸声等的混杂，诊断时，应该一边把握呼吸的状态，一边将呼吸声与其他声音确切地区分开来。呼吸状态可以通过看得见的胸廓起伏或持有听诊器的手部所受力度的变化有感觉地把握住。

　　远程医疗如果要实现类似传统的面对面的诊疗的话，就必须将医生有意识处理的信息和无意中处理的信息一并转成数据加以传递和呈现。但是，将人类从周边环境有意或无意获得的所有信息都感知并传递是不现实的。因此，在构建远程医疗系统时，需要确定远程诊疗的内容、确定诊疗过程、仔细明确地定义必须传递的信息。

　　例如，考虑一下以远程诊疗方式进行听诊。当然需要传递听诊音，为了便于医生理解听诊音的含义，听诊器的触听位置、呼吸状态把握等信息也必须被传递。由于医生无法直接操作听诊器，需要给现场看护者（有时就是患者本人）发出指示，由他（她）代替完成操作。因此，将医生的指示简明扼要并且准确地进行传达的信息，以及确认看护者对指示应答状态的信息也是必不可少的。

　　远程医疗系统的信息传递与呈现还要考虑系统用户的技能。本来远程医疗就是为应对患者所在区域尚未建立健全医疗体系的情况而提出的。有时，异地的医生也不得不依靠并不掌握足够医学知识的患者本人或看护者来完成诊疗。至少必须考虑的前提是，针对必要的诊疗具备足够医疗知识和技术的医生不在现场。当然同样也没法期待患者或看护者也掌握充分的与信息通信相关的知识和技术。

　　因此，远程医疗必须建立起即便是不具备充分的医疗知识和信息通信技术的患者或看护者也能方便地收集和传递异地医生需要的相关信息，以及对于身处异地医生的指示不依赖专业术语等专业知识也可以用很容易理解的方式传达给患者或看护者的机制。另外，同步方式远程医疗的诊疗毫无疑问也要实时进行。即使是对异地的医生而言，为了能够正确迅速地把握诊断的相关信息，也必须用便于理解的方式将必要的信息呈现出来。因此，远程医疗中的信息呈现方法不能妨碍诊疗进程，在现实的情景中扩展信息空间的增强现实在远程医疗的信息呈现方面能够发挥重要的作用。下面介绍作为增强现实应用示例的远程听诊支持系统。

　　有文献提出的远程听诊支持系统在两个方面实现了基于增强现实的信息支持。基于增强现实的远程听诊支持的实例，如图 2-1-3 所示。

图 2-1-3 基于增强现实的远程听诊支持的实例

异地医生向现场看护者指示听诊位置。现场看护者将操作听诊器的接触状态呈现给异地医生。

一方面，患者胸部影像等实际听诊区域的周边影像由医生和患者双方共享，医生借助计算机绘制的标识，在影像上指示听诊位置如图 2-1-3 中 CG pointer 所示。看护者在影像上将听诊器放置于与 CG pointer 重合的位置处，在医生指明的位置获得听诊音。另一方面，利用贴在听诊器边缘的四个布条形接触传感器测量听诊器的接触状态作为圆环状的指示器（图 2-1-3 中的 CG indicator）呈现在影像上，如图 2-1-3 中 CG indicator 所示。同时，利用贴在听诊器采音面对面的增强现实标识测量影像上的听诊器位置和姿态，将 CG indicator 的位置和姿态对上影像上的听诊器，医生和看护者便能够直观地掌握听诊器的接触状态。

远程医疗借助网络传递的信息就是一切，信息的获取、传递、呈现的质量在很大程度上决定医疗的质量。但是，患者和医生之间存在传感器、计算机、网络、显示器等，与医生直接感觉并决策的传统面对面诊疗相比，目前技术信息的质和量不可避免都会有所损失。但是，信息传递借助计算机，所以可以有目的地加工呈现信息。以信息系统为中介的远程医疗需要从与传统面对面诊疗不同的视角加以考虑。可以说，将现实世界当成信息空间加以增强的增强现实是远程医疗发展的关键重要技术。

（三）娱乐行业

我们只知道 AR 头显和 AR 眼镜用于制造业已经有一段时间了，其实 AR 技术在娱乐行业也得到了广泛的应用，只是我们可能想不出它会以什么样子出现。

与 VR 一样，娱乐行业也是 AR 的重点领域，而且已经有很多游戏在使用 AR 套件（ARKit）和 AR 核心（ARCore）。接下来会介绍 AR 技术在游戏和娱乐行业中的一些特殊应用，也谈一谈在娱乐体验过程中它们对 AR 的未来意味着什么。

AR 和混合现实（MR）并不只有头显、眼镜和移动设备，任何在真实环境中利用数字信息增强用户现实感的东西都叫 AR。

1. 星球大战：绝地挑战

"星球大战：绝地挑战"是联想推出的一款"移动型"AR 头显，是任天堂虚拟男孩（Virtual Boy）之后第一批声称自己属于消费级的 AR 头显之一。联想推出这款产品是为了让用户能玩《星球大战》电影衍生的游戏，如在光剑大战中与大反派达斯摩对决，或是在全息国际象棋比赛中与对手对弈（图 2-1-4）。

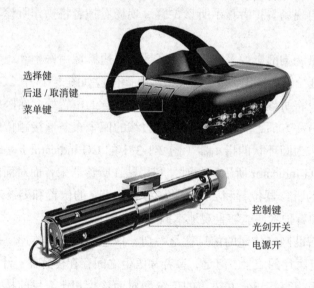

图 2-1-4　"星球大战：绝地挑战"头显和光剑

"星球大战：绝地挑战"配备了体验星战游戏所需的一切：AR 头显、追踪信标和光剑控制器，玩家只要有支持的移动设备即可。好在联想还是很重视支持老款移动设备的。

联想的这款 AR 设备是用智能手机驱动的，有三种玩法：光剑交战模式、策略战斗模式和全息象棋模式，但后两种模式相对而言不如第一种好玩。在光剑交战模式下有各种各样的战场，玩家可以与一群机器人战斗，也可以用光剑对抗达斯摩。移动设备是游戏的关键，先在手机上下载安装游戏，然后把手机放在头显内。

头显会利用反射原理显示画面，令游戏中的角色看起来就像真的一样（图2-1-5）。光剑通过蓝牙与手机配对，追踪信标放在地板上。全部准备好之后就可以开启自己的星战之旅了，这是有史以来感觉自己最像绝地武士的一刻！"星球大战：绝地挑战"也不是没有缺点——设置很麻烦；光剑和追踪信标会掉信号；关键是花这么多钱买的头显只能玩一个游戏，这会让很多消费者裹足不前。但是如果我们换一种思路，把它当成玩具的 AR 版，感觉就完全不一样了，它真的很棒——追踪效果够好，大多数玩家不会抱怨；设置再麻烦，也不影响玩游戏；价格虽然略高，但毕竟是"万里长征"的第一步，并不过分；而且游戏会不断更新，是物有所值的。

图 2-1-5 使用"星球大战：绝地挑战"体验 AR 游戏

很难说其他公司会不会效仿联想推出自己品牌的 AR 游戏。《星球大战》的狂热影迷数量庞大，其中很多人有足够雄厚的财力来证明购买"星球大战：绝地挑战"是值得的，而其他品牌很少能做到这一点。

但是，我们很难想象用户会为不同的游戏购买不同的 AR 头显，"星球大战：绝地挑战"的头显就只能玩这一个游戏。所以，未来更有可能是这样的：消费者只需购买一部标准的 AR 头显就什么游戏都可以玩，就像现在的游戏机一样。

2.Kinect 沙盒

除头显和手机等常见设备外，AR 也有其他的运行方式，Kinect 沙盒（Kinect Sandbox）就是其中一种。Kinect 沙盒（Kinect Sandbox）其实就是一般的沙盒，与游乐场常见的沙盒没什么区别，但它利用了 3D 视觉技术（通常由 Microsoft Kinect 或类似设备提供）来帮助用户生成工程结构的局部视图，然后再用这些信息把生成的数字地形图投射到沙子上，形成积雪覆盖的山峰（高点）、河流和湖泊（低点）以及它们中间的一切。

微软的 Kinect 本来是一款为 Xbox 设计的体感器，包含一个 RGB 摄像头、一个用于探测深度的红外感应器，价格较低，所以很受欢迎，2010 年上市，2016 年停产。

Kinect Sandbox 的理念其实并不新鲜，从技术角度讲，这是一种相当旧的 AR 应用方式。早在 2011 年，罗伯特•埃克斯坦（Robert Eckstein）老师和他的学生彼得•奥特曼（Peter Altman）就已打造出他们称之为桑迪车站（Sandy Station）的类似沙盒。

桑迪车站（Sandy Station）包含了一部 Kinect、一台投影仪、一盒沙子，以及由师生共同编写的特殊软件程序。Kinect 负责探测沙子高度和深度的变化，软件负责解析探测到的数据，将处理结果发给投影仪。用户可以把沙子堆成山川或河流的样子，然后观察水怎么从高处流到低处，当然，水是虚拟的。堆成火山观察喷发出的岩浆当然也没问题。

桑迪车站（Sandy Station）既不用头显又不用眼镜就把现实世界与数字信息融合到了一起，这更重要，因为这个想法能实现的东西远远不止沙盒。

还有一个例子，卡内基•梅隆大学的"未来界面课题组"做出了一种可以把交互式内容投射到任何表面上的 AR 投影系统，名字叫作"桌面地形"（Desktopography），配备了一台紧凑型投影仪和一台小到可以放进灯座的深度摄像头。在视频演示中我们看到，利用简单的手势就可以调出"桌面地形"（Desktopography）的全息影像，地图、计算器还有更多东西的数字影像都能通过"桌面地形"（Desktopography）投射出来。

更重要的是，"桌面地形"（Desktopography）投出来的虚拟影像可以与真实物体实现相当复杂的互动，因为投出来的数字影像实际上是真实物体的即时捕捉和回放。举例说明，用户在真实计算机上"放置"一台投出来的全息计算机，移动计算机时，全息计算机也会随之移动。"桌面地形"（Desktopography）把全息影像放到桌子上的时候很智能，全息影像会被真实物体遮住，会避开真实物体的位置，而且为了节省空间，还会改变自己的大小。

与之类似，一家新成立的计算机视觉硬件公司 Lightform 也做了一台专门投射 AR 影像的计算机。Lightform 计算机使用纵深感应器扫描周边环境，使用投影仪把全息影像投射到真实物体上，也没有用头显。这种投影式增强现实技术被称为"光雕投影"（Projection Mapping）， "光雕投影"本来是一件很复杂的事，但有了 Lightform 计算机之后，这个过程变得相当简单，两个世界的融合再无困难。

"光雕投影"，也称为立体光雕，是一种投影技术，可以将任意物体（多半是不规则外形的物体）变成影像投影的显示表面。这种技术可以产生视觉错觉，使静态物体看起来在运动。

Lightform 目前投出来的影像在交互性上还做不到"开箱即用"，但是如果把 Lightform 的实体感应功能与 Desktopography 的互动能力结合起来，结果一定会非常有趣。随着投影仪的尺寸越来越小、价格越来越低、亮度越来越高，投影式 AR 技术在头显式 AR 技术以外开辟了另外一条发展道路。

3. 实用程序

人们普遍认为 AR "实用性强"，从某些方面讲是因为采用 AR 技术的实用程序的数量比较多。由于 AR 技术的本质就是对外界开放，所以利用数字影像增强现实世界的实用程序有很多也很正常，其中既有用来测量距离的简单 App，又有下面要讨论的复杂应用程序。

下面重点介绍一些实用程序，AR 可能会以某种形式在它们当中发挥作用。

（1）Perinno-Uno：Perinno-Uno 是一个具有 AR 功能的远程协作平台，由两款应用程序构成：Uno 是一款基于浏览器的 App，可以利用 WebRTC 进行通信；而 Perinno 是微软全息眼镜（HoloLens）目前支持的一款应用。

WebRTC 是 Web Real-Time Communication（Web 实时通信）的缩写，它是一个开源项目，通过应用程序编程接口（API）在 Web 上实现实时通信。简而言之，它能在 Web 上实现免费的音视频通信，无须安装额外的插件或应用程序。

Perinno-Uno 能通过音频和视频实现端对端协作：运行 Uno 的桌面用户可以直接与运行 Perinno 的全息眼镜（HoloLens）用户通信；Web 端用户能接收全息眼镜（HoloLens）用户眼中的实时视频，全息眼镜（HoloLens）端用户也能接收 Web 端用户的 Web 摄像头视频（如果有）；如果需要，Web 端用户还可以共享屏幕。Perinno-Uno 的优势在于它能够在用户之间实现更深层次的协作，Web 端用户可以在从全息眼镜（HoloLens）端收到的视频上添加注释，向全息眼镜（HoloLens）

用户发送图像、文字和全息影像，还可以直接在视频上写写画画并指给 HoloLens 用户看，后者都能在眼镜中看到。最后，双方可以一起操作 3D 的 CAD 模型，在 3D 空间中选择和移动物体，相互之间都能看到。

Perinno-Uno 只是众多想要征服 AR 远程通信领域的应用之一。它们很成功，现场工作人员可以利用头显与不在场的专家直接通信，解决问题。目前这种事大都通过视频聊天进行，由于手上要拿着手机，所以有时候会忙不过来，而 Perinno-Uno 等应用由于实现了"免提"功能，再加上 3D 模型的协同编辑能力和 3D 空间中的标注能力，所以很有吸引力。

这项技术在制造业和建筑业等领域有很多用途。主管或其他员工远程协助解决现场的问题，而现场人员利用头显得到明确的指导，可以节约时间和金钱。机器的某个部件有问题怎么办？主管可以在操作员的头显上叠加建筑信息模型（BIM）的 3D 图像，指导其准确找到需要修复的部件并修复。在家中，其用途也很广。如果你想给汽车换机油或是安装石膏墙板但不知道怎么开始，没关系，给父母打电话，让他们通过头显从头到尾地教你。

建筑信息建模（BIM）是实体空间的三维数字模型。BIM 文件经常被建筑师、工程师和建筑工人用来给建筑物或工程项目保留一份精确的数字档案。由于最近人们对 BIM 模型越来越感兴趣，产品也越来越多，建筑业的信息化程度达到了前所未有的水平，非常适合在 VR 和 AR 中使用。

虽然这款应用目前仍处于 beta 测试阶段，但人们对加强协作的愿望已经在很多 AR 应用中得到实现。毫无疑问，这将是 AR 的先机。

（2）"这是谁"："这是谁？"（Who is it？）是瑞士 Cubera 公司开发的一款概念验证实用程序。

利用 HoloLens 和人脸识别技术，这款 App 可以对周围的人脸进行检测，锁定某个人后显示出他的相关信息，显示的信息还可以根据应用场景的不同加以改变。

Cubera 的研发主管多米尼克·布鲁姆（Dominik Brumm）谈到了这个项目的一些用途。

这款应用程序我们开发了两个版本。一个版本用的是微软的人脸识别 API（Microsoft Face API），另一个版本用的是自己开发的人脸识别软件，可以离线工作。我们首先用 HoloLens 构建了一款应用程序，可以识别 Cubera 公司的人并给出相关信息，如名字和职位。然后我们在瑞士议会也做了同样的事情，我们从报纸上拍照片并输入我们的数据库，它能够识别全息眼镜（HoloLens）中显示的政界人士。最后，我们在附近的咖啡店做了一次概念验证，全息眼镜（HoloLens）识别出了店里的常客和他们的喜好——这个人想要一杯卡布奇诺，那个人想要一份报纸和咖啡，等等。对于新员工来说，如果在顾客刚刚走进来的时候认出他们，是一件很棒的事情。这很简单，但是代表着未来。

"这是谁"这类 App 的动人之处正在于它的简单，戴上 AR 眼镜，人们的眼前就会立即出现周围所有人的信息，这就是 AR 与其他技术相结合的实用之处。

随着 AR 头显的价格不断下降，其体积也越来越小，每个人都能瞬间获取其他人的数据（至少在表面上），这样的未来不是不可能。

于是问题来了。有人可能会赞同这是一个技术奇迹，也有人可能会指出这给个人隐私带来了严峻的挑战。与 AR 广告界提出的问题类似，最重要的是要走在技术发展的前沿，同时问问自己，在技术引领我们飞速发展的"美丽新世界"里，究竟什么合适，什么不合适。

第二节 虚拟现实与增强现实结合发展

一、新设备

虚拟现实和增强现实建立在交互式反馈（如视觉、听觉、触觉）之上。因此，该领域的发展从一开始就基于位置和方向传感器以及反馈设备。下面将首先详细讨论当今使用的技术，包括专业背景和通用技术。其实直到最近，应用于专业领域的 VR-AR 设备才有了较低的价位，这彻底颠覆了相关行业。因此，我们很有必要退后一步，评估现有解决方案。

下面我们将举例说明一些商业设备或软件。当然，这不是最佳产品的排名，也不是一个详尽的产品清单。我们选择介绍它们是因为它们代表了市场上相关产品的平均标准。

（一）定位和定向设备

要计算与观察者位置相对应的图像，我们必须首先知道它们的位置和它们的视角方向。第一款 VR 耳机由有着"计算机图形学之父"和"虚拟现实之父"称呼的伊万·苏泽兰（Ivan Sutherland）和他的学生鲍勃·斯普劳尔（Bob Sproull）于1968 年开发，他们采用了一种非常简单的解决方法：使用旋转编码器检测头部的运动。几年后，基于电磁技术的传感器（特别是与 Polhemum 公司合作）代替了原来的解决方式，这也是多年来使用的主流技术。如今，光学技术越来越多地应用在 VR 领域中。

接下来我们来看看现在的相关专业技术，这些都是实现 VR-AR 所必须解决的技术难题。

1. 专业技术

高速红外摄像机（最高 250 帧 / 秒）可用于跟踪。它们在空间中识别出一组反射红外线的"标记物"（实际上，我们使用直径小于 1 厘米的小球体进行标记）。这些"标记物"（也称为目标）形成刚性标记组（或"刚体"）放置在人体的某部位（通常是手，但也可以是肘、肩、骨盆等）或者其他我们希望跟踪其位置和空间方向的物体上，例如，立体眼镜或虚拟模拟中涉及的任意附件。

销售定位和定向设备的领先公司主要是 A.R.T 和 Vicon 两家，两家都提供基于光学技术的定位产品。这些高端系统提供高精度（mm 级）跟踪，并且具有高稳定性和低延迟性。我们需要捕获的表面可能非常大（超过 $100m^2$），因此需要足够数量的相机。但是，随之而来的相机安装时间将会较长，因为所有摄像机必须以非常稳定的方式放置并连接到计算机，而且每个都需要虽然简单但必不可少的校准程序。此外，我们必须确保摄像机的数量足够多从而可以看到每个目标刚体。

值得一提的是 Natural Point 公司，该公司提供一套名为 Optitrak 的中档跟踪相机，其功能与上述系统相同。

4D Views 和 Organic Motion5 公司提供基于"传统"摄像机的基本解决方案，即没有任何"目标物"定位在用户身上。他们的方法是从摄像机拍摄的图像中提取轮廓，然后将它们处理组合，以简单的形式（简化的骨架模型）或完整的形式实时构建人体的 3D 模型。这样，相机就可以跟踪人体的运动，而无须使用者佩戴任何设备。此外，使用者必须在具有实体背景（通常是绿色）的专用空间中进行被跟踪，以便获得最佳的轮廓提取。这种方式的精度和延迟指标低于使用"目标物"的解决方案，但它们之间的性能差距正在进一步缩小。

还有其他技术可以跟踪空间中的位置和方向，如使用电磁场，超声波场等。

2. 游戏配件

由于一些游戏需要跟踪游戏玩家的位置和方向，因此出现了一些针对这类游戏的特定设备。必须指出的是，由于这类设备的高性能和低成本，它们中的一些如今也被用于专业应用领域。下面对国际上知名的游戏配件进行介绍。

（1）深度传感器（Depth sensor）——Microsoft Kinect：微软 Kinect 是一种相对较新的相机的批量生产版本——3D 或深度采集相机。传统相机仅允许以图像或像素形式的视频采集 2D 信息；而 3D 相机使用不同的技术来添加图像中每个像素的深度信息。因此我们可以找出 3D 场景中的物体离相机中心有多远。该信息对于不使用标记物的 3D 相机可见的所有元素在空间中的相对精确定位非常重要。然而，与专业传感器相比，这种相机确实存在精度问题，如处理对象间遮挡问题和相当大的延迟性问题。因此，它们目前还不能用于处理信息需要非常快速的 VR 系统。

（2）立体摄像机（Stereoscopic cameras）——跳跃运动（Leap Motion：Leap Motion）系统可以非常精确地捕捉用户的手部信息，从而实现更自然的交互。

该系统使用两个红外摄像机快速提取并确定手指的位置和方向。例如，摄像机可以放置在桌子上，交互空间将位于摄像机上方。我们还可以将此系统安装到 VR 头戴式耳机中，这样可以使用视线跟踪手的移动，如果手移出相机的视野，跟踪也不会受影响。

有趣的是，该系统仍然受到之前提到的有限视野的影响，尤其是遮挡问题：实际情况中 Leap Motion 只能在手指完全可见时提取数据。

（3）电磁传感器（Electro-magnetic sensors）——Hydra：几年前，Sixense 公司与 Razer 公司合作，提出了 Razer Hydra 系统，该系统由两个位于空间中的控制器组成。这些是著名的任天堂公司 Wiimote 的后继产品，它们不仅拥有经典的操纵杆或游戏手柄按钮，而且还提供了一种测量物体空间位置和方向的解决方案，这使 3D 交互的实现成为可能。

基于放置在桌子上的基座发射的电磁场，该系统利用操纵杆中存在的传感器检测电磁场。在市场上几乎没有其他竞争对手时，Hydra 首先被在 Oculus Rift 到来之前便存在的少数忠于 VR 的用户所使用。该系统快速、精确且易于使用，但是具有任何电磁基础传感器都存在的问题：干扰（从接近电源到金属质量等）可能会使电磁场变形并因此使测量偏斜。此外，其跟踪可靠性不超过 50cm。

（4）惯性传感器感知神经元（Inertial sensors Perception Neuron）——中国公司 Noitom 是传感器领域的后来者，致力于捕捉全部或部分用户的身体。他们的产品 Perception Neuron 结合了动作捕捉和竞争性定价的两个优势，目前在市场上产生了良好的效果。该系统仅基于惯性单元进行运动捕捉。使用人体生物力学模型的算法，它能够精确地确定身体大多数部位的空间定位。

3.VR 头戴式耳机集成定位系统

现代头戴式显示器（HMD）具有内置定位系统，我们举例说明：

（1）空中单元（Inerial unit）——三星 Gear VR：三星 Gear VR 头戴式耳机（图 2-2-1）仅提供基于惯性单元的跟踪，惯性单元由加速度计、陀螺仪和磁力计组成。该装置产生非常快速且非常可靠的旋转信息。高性能融合算法可以最优地使用三个传感器，以便快速提供可靠的信息。然而，这些传感器仅允许我们获得旋转信息，并不能精确测量平移信息。

图 2-2-1　三星 Gear VR

（2）光学和惯性单元的耦合——Oculus Rift：Oculus Rift（图 2-2-2）提供了一种非常接近上述专业技术的跟踪系统。实际上，一个或多个摄像机捕获位于 VR 头戴式耳机中（壳体后面）的红外 LED 使得耳机在空间中的位置和方向可以计算。

图 2-2-2　Oculus Rift V1

惯性单元可以进一步减少延迟并提高跟踪精度。然而，虽然摄像机确实很快，但它们需要处理图像，这比利用加速度计、陀螺仪和磁力计的融合算法要慢。

（3）激光和惯性单元——HTC Vive：HTC Vive（图 2-2-3）采用了与上述不同的原理，我们可以称之为对称原则（symmetrical principle）。虽然 Oculus Rift

需要外部传感器（摄像头）来观察 VR 头戴式耳机中的被动目标（红外 LED），但 HTC 采用的 Lighthouse 系统将传感器放在 VR 头戴式耳机上，目标在外部。

图 2-2-3　HTC Vive

Lighthouse 系统看起来像相机，它使用两个激光束扫过空间——一个横向扫描，另一个纵向扫描。VR 头戴式显示器配备了一组传感器，可以检测激光束到达的位置。通过组合多个传感器产生的信息，我们能够获得 VR 头戴式耳机的空间位置和方向。与 Oculus Rift 一样，增加了惯性单元，以最大限度地减少系统的延迟并提高精度。

（4）SLAM-HoloLens：到目前为止，我们描述的所有设备都需要一个外部参考，一个发射基座，以确定物体的位置和方向。我们现在看一下不再使用外部参考的新趋势：微软开发的 HoloLens（图 2-2-4）仅使用内置传感器感知自己置于空间的位置，这是业界的一次微革命。

图 2-2-4　微软 HoloLens

沉浸式交互体验：虚拟现实技术的应用与前景研究

4.VR 中的定位技术

VR 取决于合成的视觉信息（图像、符号、文本）与用户自然视觉的叠加。为了增强相关性，这种叠加需要对用户的真实环境重新进行空间校准。因此，增强现实设备需要定位技术来确定其相对于测地系统的位置和方向，或者相对于真实环境中的一些参照物（如标记、图像、对象、建筑物）。只要用户在传感器覆盖的区域内，用上述 VR 系统的解决方案就可能满足 AR 系统的需求。然而，这也意味着如果我们想要打破沉浸式空间的限制，这些方案就不再有用。因此，为了提供覆盖大范围的低成本定位系统，AR 系统使用智能手机上可用的技术，即外部 GPS、惯性单元（磁力计、加速度计和陀螺仪）、一个或多个彩色摄像机，甚至一个或多个深度传感器。这些不同传感器捕获的数据将被融合在一起来保证 AR 系统定位的精确性。

因此，GPS 为我们提供了设备的位置，其精度范围从几米到十几米左右，具体取决于所在环境（如外部、城市、内部）和用途（如大规模分配、军事）。智能手机配合磁力计（或指南针）可以在真实环境中轻松提供其近似位置。然而，大约十米的不精确就可能造成一些功能障碍。例如，所需的上下文信息显示在用户的后面，而该信息应该位于用户的前面，或者只是用于显示某种广告或通知的地址不是正确的地址。

所以，为了提高定位和定向的精度，AR 系统通常依赖于其与计算机视觉算法耦合的视觉传感器（相机、深度传感器）。这种精度消除了模糊性，正因为如此，AR 系统可以向维护操作员准确地指示必须松开哪个螺栓或断开哪个连接器。

AR 主要使用两套计算机视觉算法。首先是一组重定位算法，它使用真实环境的知识（如二维码或基准型标记、图像、3D 模型、兴趣点的映射）来估计 AR 系统的位置和方向。其次是可以估计 AR 设备在空间中的位移的跟踪算法。这里会用到 SLAM 方法，并且会基于真实环境的 3D 重建模型计算位置并不断迭代，目前的位置是使用较早的位置估计来计算的。虽然该解决方案能够在不了解环境的情况下估计传感器的运动，但是会受到时间偏差的影响。

（二）恢复设备

自 1968 年第一款头戴式耳机开发以来，VR 中使用的视觉恢复设备已经有了很大发展。但是，我们不能忘记，最新一代的 VR 设备与第一款头戴式耳机之间相隔了近 50 年，在这期间，其他许多设备已经广泛应用于 VR 领域，其中大多数是基于大屏幕图像的显示或投影，以此获得集体沉浸式体验。例如，由美国硅图

44

公司（Silicon Graphics）公司实现商业化的"现实中心"（Reality Center）。美国硅图公司（Silicon Graphics）公司也制造了这阶段内 VR 技术中使用的大多数计算机。这些解决方案仍然被用作构建当今专业级沉浸式空间的构建模块。

我们笃定，头戴式显示器出现的大众分销市场将经历与专业设备当时相同的演变，集体解决方案将会是提供基于大型显示器表面显示（如空间的墙壁）的"迷你"视频投影仪。

除视觉设备外，我们还不能忘记触觉和音频恢复设备，这些设备通过竞相提供丰富和连贯的感官信息以加强用户的沉浸感。

在这里，特别是随着智能手机和平板电脑的爆炸式增长，我们再次看到了关于 AR 所使用的设备在过去几年取得了巨大的技术进步并成倍增长。

1.VR 头戴式显示器

下面首先讨论那些严格来说并不符合 VR 质量标准的设备，即使这些设备总是与新闻中的这项技术相关联。实际上，这些设备基于智能手机屏幕使用，这极大地限制了所创建的虚拟环境的复杂性和质量。而且，放置在眼睛和屏幕之间的光学系统的质量不够高，不能长时间舒适、持续地使用。但我们不会忽略这些设备，以便为读者提供对该领域的完整概述。

（1）使用智能手机的系统

此类别包括价格极低的头戴式显示器，因为这个价格不包括使用它们所需的智能手机。

①谷歌智能手机头戴显示器（Google Cardboard）Google 的目标是将成本降至最低来为大众提供 VR 体验。因此，他们设计了一个纸箱，配有两个塑料镜头，手机可插入其中。手机的屏幕被"剪切"成两部分，每部分都按照 19 世纪中期开发的第一台立体镜使用的原理显示每只眼睛的图像。今天的智能手机包含惯性单元，能够捕捉此款设备的旋转。

因此，它们能够通过修改显示的立体图像来做出反应，从而改变用户的观察点。

当然，鉴于手机有限的计算能力，真正可用的只有 360° 视频或轻型实时 3D 应用程序。由于用户移动行为与屏幕显示结果之间的延迟太大而无法提供真正的沉浸式体验，这可能使用户很快就会产生恶心和头痛。据谷歌 Daydream 平台的最新消息，他们似乎还没有解决这些基本问题。

虽然其他制造商纷纷效仿这一理念，用塑料盒替换纸板以确保更好的人体工程学体验、更好的镜头和更广泛的电话兼容性，但是基本问题仍然存在：当前的智能手机没有能够达到所需水平（速度和精度）的传感器。

②三星 Gear VR：三星与傲库路思（Oculus）合作，设计制造了一款可以归类为 VR 的、基于手机的头戴式显示器。为实现这一目标，他们必须采取以下措施：设备配有高质量的光学系统和其他传感器，其性能优于标准手机中的传感器；开发特定的、非常高性能的算法，以减少系统的总延迟；仅使用制造商生产的最先进的智能手机，因为这些智能手机具有足够的计算能力。

尽管有这些创新，但与连接到计算机或视频游戏控制台的头戴式耳机相比，该系统存在限制，特别是没有控制器（如，没有操纵杆）并且仅考虑用户自身的旋转。即便如此，这样的设备仍具有易于携带且易于使用的特点，所以如果在其限制范围内使用，依然可提供良好的沉浸式体验。

（2）连接到计算机的头戴式显示器

由于上面讨论的质量限制，即便出现了新的低成本头戴式耳机，它们仍使用智能手机技术（尤其是屏幕）：

① Oculus Rift：它诞生于一个项目，其创作者 2012 年在众筹网站 Kickstarter 上创建该项目，结果大大超出创作者的预期。Oculus Rift 头戴式耳机的推出为有关新的 VR 头戴式耳机的一系列公告铺平了道路，这些头戴式耳机比当时现有设备的成本更低但提供的性能更高。

虽然这款设备在 2013 年最初仅是开发者用于自己"体验"，且只能提供低分辨率，只具有单个旋转捕获器，但其第一个版本（称为"开发人员套件"或 DK1）是第一个做到同时降低延迟和提供大视野的头戴式耳机——这两点是创建良好的沉浸式体验的主要障碍。

到 2014 年，Oculus Rift 被美国脸谱网（Facebook）收购。它的第一个商业版本（CV1）于 2016 年发布，由于有一个或多个外部摄像头，它提供了更高的分辨率、大视野以及头部和两个控制器（Oculus Touch，可选附件）的位置跟踪，其中设备和附件必须全部连接到同一台计算机。这也是目前最轻的一款，且在所有中档设备中有最低的延迟。

这款设备在开发之初就被设计为坐着使用，这也是最重要的方式。但除此之外，它也可以在房间（"空间"或"房间尺度"模式）站立时使用。

② HTC Valve Vive：HTC Vive 是 Oculus Rift 最大的竞争对手之一。维尔福集团（Valve）公司最初与傲库路思（Oculus）合作，基于该公司开发的技术，HTC Valve Vive 的标准版本配备了两个控制器，允许应用程序开发人员创建使用双手的模拟应用，而无须担心用户是否要像购买 Oculus Rift 时那样购买额外的控制器。

如上所述的 Lighthouse，其创新的跟踪系统使得比使用"空间模式"更容易的方式实现跟踪成为可能。据我们所知，这是当今专业人士中使用最广泛的头戴式耳机。

③PSVR：索尼在VR方面有着悠久的历史，因为该公司早在1996年便开始销售像Glasstron这样的VR头戴式耳机。几年前，在Oculus Rift问世前，索尼还提议销售用于大规模发行的立体声头戴式耳机，以观看3D电影。因此，没有人对宣称专用于Playstation 4的设备这一消息感到惊讶。

在技术方面，这款设备的跟踪由惯性单元以及Playstation上的标准摄像机执行。该相机还可以捕捉Playstation Move控制器。

跟踪范围成为这款设备的主要限制，这是因为受到摄像机视野的限制，或者有可能发生遮挡的情况：如果我们转身，我们的身体就会出现在控制器和摄像机之间，从而导致跟踪过程停止，这时控制器不再传递有关位置的信息。

系统的低延迟、易于安装和图形容量高等优点，使其成为一款优秀的VR设备。它已经可被公众使用，且其可用的游戏类别在所有平台上都是最大的。这款头戴式耳机似乎已经取得了成功。

④其他VR头戴式耳机：当然，市场上有许多其他（如微软，Vrvana Totem，FOVE）以及为商业化而开发的设备。然而，鉴于篇幅和编辑问题，尤其是信息的连续性，我们不可能详细讨论所有问题。

2. 大屏幕

VR是基于提供个人体验的头戴式耳机而发明的，但当它成为团队不可或缺的一环时，可以选择其他显示模式。例如，飞机或汽车的设计不仅仅需要单独将专家加入到虚拟环境中。相反，项目的后续会议涉及多学科团队，他们希望其产品的开发状态可以对整个集体进行可视化表达。这也是本领域研究人员设计的创新迅速取得巨大成功的主要原因——他们甚至总结了当今大多数沉浸式空间所使用的基本原则。

导致上述发展的第一个想法是用大尺寸屏幕取代耳机，一些模型由于视野很大而被工业界非常珍视，大屏幕可以以1∶1的比例，对模型进行可视化表达。由于技术原因，这种可视化需要通过视频投影仪来实现。这种方法有可能提供远远超出现在尺寸限制的画面。

第二个想法是改善用户的沉浸式体验，将用户放置在平行六面体中，其全部或部分面（3—6个，大小在3—10m）是屏幕。因此，我们拥有由C.Cruz-Neira于1992年发明的第一个CAVE系统的visiocube，其在25年后仍在使用。"现实中心"

的概念也是基于同样的想法，但需要一个更轻、成本更低的环境（特别是建筑物）。"现实中心"提出在三分之一圆柱体（约 $10m \times 3m$）上进行显示，这一产品两年后由硅图公司（Silicon Graphics）公司销售。它取得了巨大成功，现在仍在许多公司和研究中心使用。

这些不同系列设备的共同特征如下：

（1）高品质和高品质的沉浸感：用户不会受到与头戴式显示器有限视野相关的限制。

（2）用户可以看到他们的身体以及他们的交流者，这有利于对话和交流。

（3）用户可以根据需要调整分辨率、对比度和亮度，事实上，通过增加投影仪的数量可以简化投影像素的尺寸和亮度，但是这增加了成本。

（4）图像计算是基于用户头部位置的。

（5）相同的系统还允许跟踪用户身体的其他部位（如手）和用户处理的对象。

这些系统有两个主要限制：首先，由于涉及成本（设置房间、购买设备、当然还有维护），这些系统主要限于公司内部或研究实验室的专业应用。其次，在由群体集体使用的情况下，图像感知对于系统跟踪的用户是理想的，但是当图像随后变形时其感知会受到损害，因为这取决于用户所处的位置距离。然而，有几种多用户解决方案以额外设备或较低性能为代价来保持这种感知（透视和立体视觉）。

多年来，这些系统在屏幕的几何形状（如平面、平行六面体、圆柱体、球体）和视频投影仪（如管、LCD、DLP）使用的技术方面经历了若干变化。

基于激光的视频投影仪和监视器墙的大规模外观将是未来几年的主要发展趋势。事实上，技术进步几乎能够使得显示的表面和监视器边缘之间的现有"边界"消失，因此可以构建提供近乎完美图像的监视器墙来获得良好的沉浸式体验。

毫无疑问，在保留现有几何形状（平面、平行六面体）的同时，随着显示器质量的提高、电力消耗的减少（从而减少热量散发）、尺寸的减小和成本大大低于视频投影仪，这些系统将发展迅速。

（三）增强现实设备

我们可以根据其物理性质将 AR 中使用的恢复设备划分为不同的类别。耳机和眼镜：根据设备的复杂程度，我们将使用术语"增强现实耳机"或"增强现实眼镜"，我们将区分允许直接自然视觉的"光学透视"系统和通过摄像机间接感知环境的"视频透视"系统；手持设备：这指的是智能手机和平板电脑，这些设备在市场上的大规模销售使大众能够发现并探索 AR；固定或移动设备：视频投影仪可将图像直接投影到真实环境中的对象上，从而实现自然叠加，这种模式（称为空间增强现实或 SAR）已在工业应用中广泛开发，例如修理或维护设备，用户可以原位查看技术手册中的文本信息、组装图甚至视频，而无须准备任何设备；最近已经开发出来，但尚未取得进展的基于隐形眼镜的系统：目前，这些系统只能显示高度简洁的符号和图像，主要的技术挑战是提高分辨率和降低能耗，且需考虑人为因素接受程度和易用性等主观因素。

在以下部分中，我们将主要介绍耳机和眼镜。

1.AR 耳机

HoloLens 由微软开发，是一款 2015 年推出的 AR 耳机。它配备了一个波导，其对角视野可扩展至约 35°（30°×17.5°），每只眼睛的分辨率非常高（1280×720），可容纳 2m 内的物体。HoloLens 装有传感器：4 个用于确定定位和定向的摄像头，1 个低能耗的飞行时间深度传感器，1 个具有大视野（120°×120°）的前置摄像头和 1 个惯性单元。

HoloLens 的强大之处主要在于其计算架构：不仅仅是因为它的 CPU 和 GPU，最重要的是微软误称为 HPU（全息处理单元）的处理器，这与全息图无关，我们通常称之为 VPU（视觉处理单元）。这套处理器使我们可以在获得比传统软件好 200 倍的姿势计算的同时消耗非常少的能量（仅 10W）。与最先进的方法相比，这种架构可以产生非常好的自主性和姿势估计，这种估计更加稳妥和快速。

HoloLens 可以极大地增强用户的体验，其环境中的姿势计算速度是一个重要因素。实际上，上述光学透视 AR 系统没有集成材料解决方案以优化姿态估计。结果根据所使用的软件解决方案和设备，计算可能需要 200ms—ls。这导致用户的快速移动和所得图像的显示之间感知性的延迟。这种延迟导致显示的内容"浮动"并使用户产生不适感，当用户过快地移动他们的头时，会导致系统拒绝计算。

必须注意的是，当我们使用平板电脑或智能手机时，这种浮选效果是不可察觉的，因为视频的显示延迟类似于系统的姿势计算时间。因此，视频和增强以类似的方式延迟，便可以提供看起来精确的感知重新校准（前提是姿势估计正确）。

HoloLens 还为用户配备了校准系统，这对于获得精确的重新校准至关重要。每次耳机围绕用户头部移动时，必须执行此校准。令人满意的是，耳机的附件系统设计得很好，可以在用户进行这样的移动时防止设备意外移动。

2.AR 眼镜

谷歌眼镜（Google Glass）自 2012 年问世以来一直是人们特别是媒体关注的焦点，并且在非专业人士眼中代表了"所有"AR 技术。

其最早的版本是限量版，价格为 1500 美元，可以在尺寸为 1.3cm 的屏幕上显示图像，这些图像安装在一副非常轻的眼镜上（回想一下它们相对于凝视轴非常有限的视野和屏幕的偏移轴）。与系统的交互以声音和触觉方式进行（眼镜侧面有触摸板）。初始版本提供了谷歌内部应用程序（如 Google 地图或 Gmail）的使用，且用户可以拍摄照片或视频。在看到这种设备的巨大潜力后，许多开发人员基于这款设备匆忙开发应用，应用范围迅速扩大和多样化：体育、健康、媒体，当然还有军事。

公众对这种新设备爆发的激情被各种各样的问题所缓和。首先是法律问题，当驾驶员戴着谷歌眼镜（Google Glass）发生交通事故后，美国几个州开始禁止在驾驶时使用这些眼镜；接下来是道德问题，因为用户可以在未经他人同意的情况下识别并进行记录；最后，最初的用户放弃了这款眼镜，因为别人认为他们在使用这款设备时太另类、太与众不同。种种问题导致谷歌在 2014 年底宣布停止销售该设备。然而，该公司依然谨慎地继续与几家伙伴公司合作，并在 2017 年年中宣布，将会在对眼镜进行一些改进后向专业人士恢复销售。

（四）音频恢复

声音对于 VR 应用所需的沉浸式体验至关重要，对 AR 也很重要。在这两种情况下，高质量的音频恢复可以显著增强用户体验。但是如果音频反馈不遵守某些约束，这种体验也可能受损。

在 VR-AR 环境中，通常使用耳机来执行音频恢复，耳机通常被集成到可视化设备中。双耳化可以使用户将虚拟声源置于 3D 中，以再现声音传播到收听者耳道中的特征。

对于每只耳朵而言，特性都包括频谱的衰减和修改，这取决于声源的位置。在实践中，开发者常使用源自声学测量的数字滤波器执行双耳化处理。

在 VR-AR 应用程序中，用户通过定期旋转头部改变观察视角。因此沉浸式音频反馈需要虚拟音频源相对于用户移动（反向旋转）。这种旋转必须实时进行，并且延迟必须在几十毫秒内，这样用户才不会察觉到任何可能破坏沉浸式体验的延迟。声场的呈现是以 ambisonics 格式处理，这也使以低计算成本执行旋转成为可能。顺便说一下，这也是 YouTube 和 Facebook 选择 360° 内容的 ambisonics 格式的原因之一。

所用设备的质量（如耳机、声卡）在音频恢复质量方面起着决定性作用。确保没有任何串扰（左耳和右耳的通道混淆）尤其重要，否则可能会破坏双耳反馈。此外，还必须考虑耳机的保真度和无失真情况。

VR 和 AR 市场上有一定数量的声音恢复引擎。其中值得关注的是：Wwise（Audio-kinetic）、Rapture3d（Blue Ripple Sound）、用于 Unity 的 Audio Spatializer SDK、Facebook 的 Spatial Audio Workstation 和 Real Space 3d（VisiSonics）。

二、新软件

用于构建 VR-AR 应用程序的软件必须能够最佳地配合提到的所有设备，使设备与处理接收信息的数字模拟器进行通信，并计算要反馈给用户的信息。交互周期从用户的动作开始，直到感知到此动作结束。开发 VR-AR 应用程序需要从输入设备收集数据，处理此信息并推断出需要的感官反馈，然后将此信息传输到输出设备。这个循环从用户的动作开始直到用户感知到动作产生的结果（图 2-2-5）。

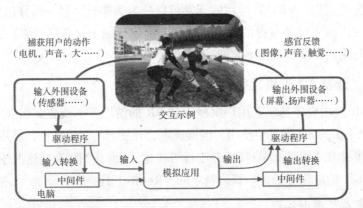

交互周期从用户的动作开始，直到感知到此动作结束。开发 VR-AR 应用程序需要从输入设备收集数据，处理此信息并推断出需要的感官反馈，然后将此信息传输到输出设备。

图 2-2-5　交互周期模拟过程

除了模拟用户沉浸在其中的 3D 虚拟世界（VR 的情况下）或者叠加的现实世界（AR 的情况下），应用程序还必须能够保证用户与模拟之间的交互。也就是说，它必须能够读取用户的动作并提供相应的感官信息。例如，一个基于 VR 的运动训练工具，其目的是训练一名橄榄球防守队员阻止一名试图在有或没有身体转向的情况下绕过他的进攻者。为了实现这个想法，应用程序必须提供一个虚拟对手，他们会对防守者的真实行为做出反应并调整他们的进攻。应用的第一步包括使用动作捕捉设备收集防守者的动作，然后通过驱动程序将数据传输到计算机，应用程序可以通过称为 API（应用程序编程接口）的接口进行查询。然后，模拟器根据防守者的实际行为计算虚拟进攻者的反应。进攻者的这种反应通过动画的修改程序进行翻译，然后通过另一个 API 传输到输出设备。模拟还必须同时管理其他参数，例如沉浸物体（用户）视角的变化，如他们在 CAVE 中头部的位置或他们在使用耳机时越过的位置／方向。最后，输出设备或多个设备执行感知反馈，例如，进攻者所在的虚拟环境中的立体视觉反馈。

由于开发此类 VR-AR 应用程序的复杂性，使用特定软件是通常的做法。这就是为什么许多公司专门为特定领域开发解决方案。只有少数例子，如用于安全和安保领域培训的 XVR Simulation；用于建筑的 iris；用于工业原型的 IC.IDO；用于分析和复杂数据可视化的 Para View；用于大规模并行仿真的 Flow VR 和用于管理和可视化 AR 中 3D 内容的 Augment。因此可以使用这种"轮流使用式"应用程序。下面我们将讨论创建特定 VR-AR 应用程序的不同方法。

根据交互周期，VR-AR 应用的开发可以分为两部分。第一部分包括开发数字模拟、处理由输入设备获得的信息、计算要提供给输出设备的结果；第二部分涉及该仿真与输入和输出设备之间的通信。

（一）开发 3D 应用程序

VR-AR 应用程序基于在用户沉浸（在 VR 的情况下）或叠加在现实世界（在 AR 的情况下）的 3D 世界中使用。根据成本、开发时间、灵活性、易用性等因素，可以通过多种方式管理此 3D 环境并进行可视化。下面我们将介绍这些不同的方法，从最"基本"的编程开始，一直到特定的 VR-AR 工具。

1. "基本"图形编程

创建 3D 应用程序最基本的方法是直接访问所用设备图形卡的驱动程序和编程接口。

这种方法的缺点是每个应用程序都依赖于设备。使用如 OpenGL 或 DirectX 之类的编程接口可以克服这种困难，使其可以在指定类型设备之外工作，而不必限制在特定设备上。

这种方法的主要优点是它可以完全控制从 3D 环境到图形呈现方式的整个创

建过程。因此，我们可以直接控制构成 3D 对象的构面、创建自己的场景图、用于定义对象之间的关系和变换的分层结构，或者管理动画甚至提出新结构。这也使我们通过消除隐藏部分以及纹理和光照的应用来控制图形管道从计算这些面到最终渲染所需的一系列步骤。我们可以选择在该过程的哪个步骤中执行操作或如何执行操作来优化应用的性能。

因此，该选项可以保证最佳性能和非常高的灵活性。但是需要做的工作复杂得多，它需要创建所需的功能、加载 3D 环境（如由 3DSMax 或 Maya 等建模者产生）从动作捕捉中恢复数据。其主要缺点是这种方法不可移植。

2. 图形库

为了避免创建所有必需的功能，如 Open Scene Graph 的库可以对 3D 模型进行更好的控制，这主要归功于它们管理这些模型的加载和保存、用于对象的动画方法以及照明和阴影的控制、摄像机放置等的方式。这些库可以显著加速 3D 应用程序的创建。但它们仍具有相当高的专业性。

此外，其中一些库可能依赖于 Windows、Linux 或 Mac OSX 等操作系统。因此，开发适用于移动电话或视频游戏控制台的技术是很困难的。最后，在 VR-AR 应用的背景下，一个主要问题是它们专注于 3D 对象的建模、动画和渲染，很少管理相关的 VR-AR 设备或不同的传感器，即使所有这些都是交互式应用程序中的重要元素。除了使用这些外围设备开发接口的成本之外，鉴于 VR-AR 领域的高速发展，以及市场上新型外围设备的不断涌现，这些应用的维护和发展成为了最重要的问题。

3. 视频游戏引擎

为了提高工作效率，视频游戏行业多年来开发了称为“引擎”的通用环境，这些环境对所有产品都至关重要。这些引擎现在与功能强大的编辑器相关联，使创建 3D 应用程序变得非常容易。这些编辑器（特别是通过图形界面，无须开发）可以管理场景、声音、相机、动画等的视觉布局。此外，这些引擎可以在不同的平台上运行：电脑、移动电话或视频游戏控制台。所以它们被广泛用于制作游戏，不仅是移动电话游戏和视频游戏控制台，还有在线游戏。

在众多现有引擎中，每个都有自己的知名度和易用性，最著名的是：Unity、Unreal、Cry Engine、Ogre 3D 和 Irrlicht。除了具有能够在很短的时间内在不同平台上生成相同内容的能力，最重要的是这些引擎提供了大量可以快速创建这些应用程序的功能。其中包括管理与对象渲染、灯光和摄像机放置相关的所有图形参数。除此之外它们还能够控制物体的物理模拟（如考虑冲击），可以通过声音源和周围空间环境模拟声音的空间化扩散，还可以控制复杂结构的动画，例如虚拟人类。

这些工具产生了大量用户社区，包括在 VR-AR 领域内，他们提供了许多额外的资源，如使用手册，以及可扩展其功能的脚本。上面列出的引擎中，Unity 由于其易用性，目前已成为主要引擎之一，也可以被其他多个社区使用，如神经科学、体育和体育活动、医学等。

（二）管理外围设备

在开发了应用程序的核心，即模拟之后，必须通过外围输入设备与沉浸在体验中的用户进行通信，从而产生感官反馈。就像创建 3D 图形模拟一样，可以在不同级别管理与外围设备的接口，从通过编程接口直接控制到最高级、最通用的工具。

1. 直接控制外围设备

为了允许应用程序与外围驱动程序通信，构造函数的方法提供了一个可以访问所有功能的编程接口，从而可以控制该设备或与设备交换数据。因此，开发人员只需要调用这些功能便可以使应用程序管理外围设备。事实上所有设备彼此不同，即使提供完全相同功能的外围设备也是如此，并且编程接口也可能是多样的。例如，外围设备是通过 USB 端口还是通过蓝牙连接，接口可能会有所不同。同样，如果你有两个不同制造商开发的旋转传感器，它们极可能具有不同的接口，至少对于其名称而言是这样。

幸运的是，目前已经出现了某些规范，为传统外围设备（键盘、鼠标、操纵杆、音频耳机或打印机）提供了标准化的编程接口，这使开发者可以无须担心设备制造商的问题，快速访问任何键盘或鼠标。品牌的变化并不妨碍应用程序的运行，最重要的是，不需要修改其代码。遗憾的是，目前 VR 还没有这样的标准，这导致应用程序开发人员要为每个新设备及其相关接口更新软件。为了避免上述问题，开发人员必须根据其功能（如运动捕获传感器）构建外围设备的抽象，然后为每个新设备创建该抽象的新实例。

此外，由于应用程序与不同接口之间的链路倍增，增加了与接口的不同版本管理和对使用的每个设备的自动检测相关的问题。随着大量 VR-AR 工具的不断发展，直接控制这些外围设备给应用程序开发人员在维护上带来了很大的问题。

2. 用于管理外围设备的库

开发人员提出管理外围设备的库以简化与这些设备的通信。它们提供抽象使得处理提供标准化界面的通用设备成为可能，而不是针对某个特定品牌的设备。例如，对于运动传感器，可以使用相同的功能来收集位置和（或）旋转信息，而不需考虑传感器使用的技术。这些库或多或少还提供简单的方法，用户可以指定他们当前使用的外围设备，甚至在应用程序启动时自动检测。最后通过指定初始数据，例如在 CAVE 的屏幕上显示操纵杆或耳机的初始位置，这些库可以轻松地配置外围设备。

除了从外围输入设备收集数据之外，这些库中的一些例如 VRPN（虚拟现实外围网络）和跟踪库，能够实现通过网络连接到一台或多台计算机的设备。这种特性使得开发人员可以与所选择的材料架构保持距离并与其传感器通信，无论它们是远程（通过网络）还是在本地（相同的机器）。如 CAVElib 的其他库则专注于模拟的视觉恢复，管理各种投影配置的视点和立体视觉的变化，如 CAVE 系统专注于从简单的屏幕到多屏幕和多机器系统。最后，一些库还可以管理所有这些不同的外围设备，如 OSVR（游戏的开源虚拟现实或 Middle VR SDK 和 Tech Viz），它们是配备中间件的库，中间件是一个位于应用程序和设备之间的接口的外部软件。在这种情况下，它的作用是提供一个软件界面，以便为应用程序轻松地配置不同的设备。

就 AR 而言，几个库提供特定的功能，例如在真实空间中交互时间内评估用户的位置和方向。Open CV 可以通过检测从线条到复杂图案的结构获取和处理图像。所有这些功能可以将 3D 虚拟对象叠加到用户观察到的现实世界。最大的库是 ARToolkit、Vuforia 和 Wikitude，它们提供上述所有功能，管理移动平台和 VR-AR 耳机，并为开发工具提供接口。

第三节 虚拟现实与增强现实对行业转型的影响

大技术变革很少有不破坏现有行业格局的情况，虚拟现实（VR）和增强现实（AR）也不例外。有些行业受到的影响是显而易见的（如娱乐行业），但更多的行业可能根本就没意识到 VR 和 AR 会把它们推到不利的境地。

现在它们知道了，VR 和 AR 是颠覆者。每个行业都应该好好分析 VR 或 AR 最终会给自己带来的影响，毕竟没有哪个行业愿意对即将来临的变化做出迟钝的反应。就算我们目前从事的行业没有列在下面这个名单中，也并不意味着就一定能躲开变局。

在思考 VR 和 AR 的未来时，我们要把各种各样的可能性尽可能广泛地囊括进去，无论从现有技术的角度看有多荒谬。

一、旅游业

旅游业是最有可能因 VR 和 AR 的出现发生剧变的行业之一，而且很难准确说出这股浪潮会以什么样的方式冲击旅游业。

VR 和 AR 革命可能会给这个行业带来巨大的好处，但也可能是其最大的威胁。

好的方面，VR 和 AR 为潜在的游客打开了一个前所未有的世界——先通过 VR 技术如蜻蜓点水般环游世界，对那些感兴趣又意犹未尽的地方，不用多想，可以直接去。

至于 AR，早已开始帮助游客在不熟悉的环境中获取他们需要的信息，例如，一款叫作 Yelp 的社交评论 App，一直都有一个名为 Monocle（意思是"单片眼镜"）的内置功能，可以用来获取附近商家的叠加信息，如图 2-3-1 所示。

图 2-3-1　Yelp 的 Monocle 功能

56

还有一些App,如"英国历史名城"(England's Historic Cities),能充当虚拟导游,将各个旅游景点和文物的信息叠加在一起供游客参考。

有一些旅行类的AR应用(如Holo Tour)在微软全息眼镜(HoloLens)的助力之下,让用户可以尽情享受罗马或马丘比丘的全景视频、全息风景和空间音效。

这款App不仅能担任虚拟向导,还内置了丰富的历史资料,拥有优秀的视觉效果。

在有些地方(如罗马的罗马斗兽场),游客甚至还可以回到过去,以实地旅行都不可能做到的方式见证历史事件。

随着VR和AR在逼真度和活动能力方面的问题不断得到解决,这样的旅行体验只会越来越好。

到这些地方旅行是很昂贵的,也许迟早有一天虚拟旅行的逼真度会在很多人眼中达到与实地旅行"几乎一模一样"的水平。

当然,也可能不会有这一天。但无论如何,旅游业现在都应该开始评估即将来临的变化,否则将很难继续保持活力。

二、博物馆业

与旅游业很像,博物馆的实地体验也是在家中无法复制的,可在个人计算机和互联网时代,多样化的参观需求同样促使了博物馆的成长和改变。

人类现在可以通过手机获取全部知识,所以博物馆也在想方设法为观众带来更深层次的体验,它们想出了一些能把数字技术与实地参观结合起来的办法,既新颖,又有趣。

也确实有很多博物馆在布展的时候采用了一些新奇的办法将技术融合到观众的互动过程中,给他们以别致的感受。

VR和AR为旧的技术挑战带来了新的转折。在这个VR和AR技术给人们带来存在感的世界,博物馆要怎样做才能不被淘汰?依靠仍然认可博物馆的那一小部分人吗?

史密森尼国家自然历史博物馆的"皮肤和骨骼展"正是一次让展品拥抱技术的尝试,从中我们可以一瞥博物馆业的未来。

这次展览放在了博物馆最古老,早在1881年就已开业的"骨骼厅"(Bone Hall),在那里依然能看到很多100多年前就已对外开放参观的骨骼标本,但观众现在可以利用AR应用将动物的皮肤和动作覆盖到标本上。蝙蝠从骨架变成小飞兽，响尾蛇可以吃掉虚拟老鼠。展览，赋予了标本新生。

如图 2-3-2 所示，以观众的视角显示了博物馆推出的应用"皮肤与骨骼"（Skin & Bones）使用 AR 前后的对比效果。更棒的是，博物馆同意安排一部分展品让观众在家中就可以观看。AR 不仅给古老的展览赋予了新生，还可用于博物馆的对外宣传，用引人入胜的内容吸引观众来参观，告诉他们现场还有更深层次的体验。

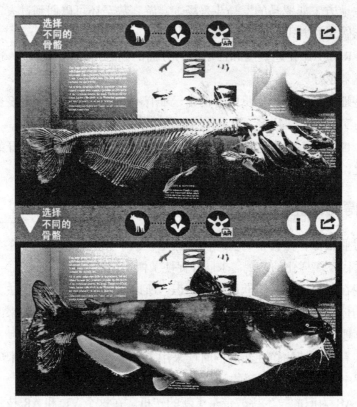

图 2-3-2　史密森尼国家自然历史博物馆推出的 Skin& Bone 界面（使用 AR 前后）

三、宇航业

太空探索目前正处于十字路口。一方面，过去 20 年里美国国家航空航天局（NASA）等机构在联邦预算中的占比稳步下降；另一方面，新生代企业家们正在挤进 NASA 留下的空间。

蓝色起源（Blue Origin）、美国太空探索技术公司（SpaceX）、轨道科学公司（Orbital）和维珍银河控股有限公司（Virgin Galactic）等新公司正在努力让太空采矿、太空旅游甚至火星之旅在不久的将来成为可能。

SpaceVR 希望能与太空旅游同步发展。该平台宣称是第一家实现"实时虚拟太空游"的平台，正计划发射一颗具备高分辨率、全沉浸式实时视频捕获能力的卫星，并将捕获的视频发回地面上的任何一款头显——既包括入门级的"移动型"VR 设备，又包括 Oculus Rift 这样的高端设备。

根据关注程度的不同，虚拟太空旅游可能会造就一门完整的家庭产业。也许几年以后就会有太空旅游公司登陆火星，同时有数百万人在地球上一起观看整个过程，不像 1969 年大家挤在电视机旁边，这次只需戴上 VR/AR 头显就可以完全沉浸在 360° 的现场视频中围观宇航员首次登陆火星。

四、零售业

目前，零售业已发生巨变。购物中心在竭力填补沿街商铺的市场空间，传统的实体品牌因铺面租金难以为继而把重心放在了网店上。虽然这难以置信，但 VR 有可能成为购物中心的救星。

目前，各地购物中心和其他商场都在推出玩家可以在其中自由活动的大型 VR 设备，也称 VRcades，供顾客上门体验。由于这类体验在家里不可能复制，所以成为很多人体验高端 VR 的理想场所。

HTC 已经宣布计划在不久的将来向市场推出 5000 台创业设备（VRcades），VOID 和 Hyperspace XR 等公司也在做这方面的考虑。这种专门的娱乐设备其实不见得能无限期维持商场的繁荣，但至少可以暂时延缓。另外，宜家、亚马逊和 Target 等大型零售商已经开始利用 AR 技术帮助顾客掌握家具摆放在家里的样子。顾客挑选到心仪的产品后，可以先用虚拟的方式摆在家里看效果。因此，AR 也进入了时尚界。

Gap 推出了一款名为"试衣间"（Dressing Room）的试验性 App，在手机上利用 AR 帮助顾客"试穿"服装，全息影像配上现场环境，点评衣服的上身效果绝无问题。

互联网改变了人们做生意的形式。也许现在很难想象，但 VR 和 AR 很可能会推动零售领域的技术飞跃，在巨变面前，这个行业的从业者们坐下来认真思考自己该何去何从变得尤为重要。

五、军事

军队始终是尖端科技的追逐者，无时无刻不在利用技术削减开支和提高效率。不管是对技术的接纳之心，还是对试验的促成之愿，都推动着军队建设不断向前发展，也由此为其他行业勾画了一张以正确的态度对待新型技术的蓝图。

虽然绝大多数企业无论是时间还是预算都比不上军队，但它们都能与军方一样在新技术面前选择勇于尝试的思路。

试验的速度很重要，方案选好以后要反复测试，有成效的就留下；不适合企业做的，无论大小，直接放弃。

现在的军队早已将 VR 纳入自己的训练计划。Cubic 环球防御系统（Cubic Global Defense）等公司也在开发 VR 版的军事训练系统。以沉浸式虚拟船载环境（IVSE）为例，士兵可以在近乎"真实"的模拟环境中开展训练，减少实训的花销。然而，VR 和 AR 给军队带来的最大变化其实正是军队本身。

VR 常被叫作"共情机"，在使用者当中催生了一种其他媒介无法比拟的亲密关系。

那么 VR 会不会增进国家之间的相互理解？又能不能有助于结束各国之间的冲突？一些前卫人士就是这么认为的。

战地摄影记者卡里姆·本·赫利法（Karim Ben Khelifa）一直在质疑自己的摄影作品到底有没有传达出他在战场上的感受。

"如果不能改变人们对武装冲突、暴力，以及它们带来的苦难的态度，那战争摄影有什么意义？"卡里姆·本·赫利法（Karim Ben Khelifa）问道："改变不了任何人的想法，有什么意义？不能带来和平，又有什么意义？"带着这些问题，卡里姆·本·赫利法（Karim Ben Khelifa）启动了一个叫作"敌人"（the Enemy）的项目，利用 VR 和 AR 的混合体验，把遍布全球的武装冲突告诉大家。

人们只需戴上 VR 头显就能听取冲突双方战士们分享的故事和经历；而在一款利用 AR 技术开发的 App 中，人们可以先听一位战士讲他的故事，然后转过身来听他的"敌人"讲另外一个故事。

有人会说靠 VR 或 AR 来结束冲突是一场白日梦，但技术的进步和信息的传播向来是打破壁垒的有力工具。

我们现在生活在一个比以往任何时候都更加和平和包容的时代，技术毫无疑问在其中体现了巨大作用。

正如卡里姆·本·赫利法（Karim Ben Khelifa）利用项目网站开展的试验表明：

"敌人总是看不见的，一旦看得见，就不再是敌人了。"而 VR 和 AR，可以让敌对双方互相看得见。

六、教育行业

各大 VR 和 AR 公司已经瞄准了教育行业，理由很充分。这一代学生普遍精通技术，VR 和 AR 能以引人入胜的全新方式呈现大量信息，完全符合教育工作者向他们传播知识的要求。

老师若是能把教室变成泰坦尼克号与冰山相撞时的场景，这堂课会变成什么样？若是能把学生直接放到潜艇中，一堂在海底深处探索残骸的科学课又会变成什么样？

如果再扩大范围，所有能上课的地方都可以变成虚拟空间，由于各种原因（生病或距离太远）无法到校的孩子也可以上同一堂课。

与孩子就读哪所学校比起来，班级的规模和学校的位置的影响要小得多，而虚拟体验也比书本或计算机更深入。

随着 VR 和 AR 等技术的发展，人类社会必须认真考虑如何保证所有人都能用上它们，无论他们的个人能力和社会经济地位如何。

让所有人都能体验 VR 也正是 Google Cardboard 的信条之一。

设法让 VR 和 AR 进入教室、图书馆和其他公共场所，保证每个人都能体验到，也应该是我们在前进过程中需要考虑的问题。

在 AR 领域，很容易想象它终将取代很多与教科书配套的在线课程，毕竟戴上头显，一堂生动的二战历史课就能出现在课本上。

"移动型"AR 的普及也意味着它们会在未来几年内成为学生体验交互式教科书内容的最常见方式：将手机对准书中的跟踪标记，AR 内容就会马上出现。

我们把思路往前再推进一步，书籍会不会被 AR 眼镜完全淘汰？很多学校早在中学就要求学生购买笔记本电脑，不难想象在未来 10 年左右的时间里，购买 AR 或 VR/AR 混合眼镜也会被提上日程。

眼镜呈现信息的能力远远超过传统的印刷材料，从此不再需要为每个班或每门课购买教科书。

一副 AR 眼镜可以满足学生的所有需求，而每门课都可以为眼镜编配标准格式的课程。

七、娱乐行业

VR 和 AR 与娱乐行业的契合程度显而易见。与其他行业相比，VR 目前在游戏行业的应用实在太多，而在电影界，VR 只是电影制作人用来讲故事的另一种工具。

傲库路思（Oculus）DK1 在 2013 年发布后，大量 VR 电影工作室随之涌现。

这些工作室突破了讲故事的传统边界，它们不仅颠覆了 360° 3D 电影的 2D 制作模式，还开始研究如何让电影故事具有互动性，超越现在只能以被动形式欣赏的 2D 电影形态。

同样，AR 市场中到处都是 AR 游戏和娱乐，下载最多的 AR 应用是一款叫作《精灵宝可梦 Go》的游戏。

市场上有很多款 AR 游戏和娱乐 App，像《哈利•波特》这样的大品牌也在研究如何用 AR 技术让粉丝们在传统媒体之外参与它们的活动。

但除了这些相对"传统"的用途外，VR 和 AR 技术还能给娱乐行业的未来带来什么样的巨变呢？举个例子，VR 技术的出现已经给现场娱乐活动开辟了一块新天地。

很多人因为怕麻烦不愿意到现场参加活动，但他们不介意坐在舒适的沙发上观看大屏幕电视，如果 VR 技术在这方面实现新的突破，那么这种现场活动会发生什么？

到现场参加这种活动会成为历史吗？体育场不再是挤满 5 万名球迷的体育场，球迷会不会被 360° 的摄像头取代，而每个摄像头都提供不同的"套餐"供观众订阅？有人认为，有了足够多的摄像机和数据，人们就能从场景中获取足够多的信息，甚至能在根本没有摄像机的地方以任意角度观看。

AR 也能用于体育赛事直播。微软将微软全息眼镜（HoloLens）用于直播美国国家橄榄球大联盟（NFL）的赛事，为未来的球迷打造了一种令人目眩神迷的视觉体验。除电视上的比赛之外，微软全息眼镜（HoloLens）用户还相当于利用 AR 技术拥有了第二块屏幕，赛况得以从电视机上延伸出来，可以将马肖恩•林奇（Marshawn Lynch，球员名）最新的数据投到墙上，拉塞尔•威尔逊（Russell Wilson，球员名）奇迹般逃过一劫的场景也能被投到咖啡桌上。

有了 AR 技术的助力，曾经只能依托电视机观看比赛的标准场景如今变成到处充斥着赛况和全息影像的屏幕，更重要的是，要不要显示，显示什么，全都由用户自己决定。

这里还有一层更深的含义，电视机会消失吗？随着 AR 眼镜变成标配，而且不妨想得更远一点，如果 AR 隐形眼镜甚至是脑机接口（BCI）开始出现，对独立显示设备的需求确实可能消失。

想不想在墙上有一台 100 英寸（1 英寸 ≈2.54 厘米）的电视？这非常简单，你只需要戴上 AR 眼镜，摊开双手就可以。

想不想把画面移到某个不挡视线的小角落？也不是问题，只需要"抓住"图像再把它缩小或滑开。

传统 2D 屏幕被淘汰那一天可能会比我们想象中来得快。目前，这一代完全可能会是看过 2D 电视的最后一代，我们也知道这一点。

脑机接口（BCI）是建立在大脑和计算机之间的通信信道。BCI 可以在无须额外硬件（如眼镜）的条件下，直接通过大脑增强人们的认知能力。

它有可能颠覆我们对"何以为人"这个问题的全部认知。

但是，即使把它当成遥远未来才可能实现的东西，恐怕都还要几十年。

八、房地产业

房地产业的名言向来是"地段，地段，还是地段"。

如果 VR 造就的世界变得足够真实，它有没有可能改变我们对房地产的一切认识？如果说人们很快就会放弃对海景房的追求，这还是有些牵强，毕竟有些地段的设施和生活永远比不上其他地段。但是互联网已经有了这种趋势。

大城市的公司招聘员工不再把通勤距离当成限制，分散式团队和远程办公不仅相当普遍，还会加剧。

一些公司正在研究如何利用 VR 技术改进远程会议和通信，虽然它们还很稚嫩，但毕竟给用户带来了一种比现在的视频会议更真实的存在感。

如果 VR 能让人们在家里坐拥真实，有些人就会放弃昂贵的"理想"地段，选择更大也更便宜的住处，在那里他们同样可以用虚拟技术装扮自己的现实生活。

同样，空间的大小会不会不再那么重要？房子再小，有了 VR 头显、触觉手套甚至外骨骼，一会就仿佛拥有了一栋豪宅，不是吗？

上述想法现在看起来可信程度还不高，但人们早就开始探讨这类问题，如 Ernest Cline 的小说《头号玩家》（Ready Player One）。在这个越来越虚拟化的世界，那些严重依赖地段的行业应该好好想想自己将会去向何方。

九、广告营销业

不管发生什么大事，广告营销界向来善于随大流，无论什么新技术在消费端大规模普及，营销界都知道怎么利用新平台从事广告和营销。

所以，当我们知道离不开广告收入的谷歌已经开始试验原生 VR 广告的时候，一点都不奇怪。

与网站横幅广告类似，谷歌现在把 VR 广告显示为整个场景中的小物件，用户可以通过直接交互或注视操作打开它并激活广告视频，当然也能关掉。

科技公司统一性（Unity）同样也在探索 VR 广告，而且提出了"虚拟房间"的概念。

所谓"虚拟房间"，是指设立在 VR 主程序之外并通过传送门进出的新地方，用户进入广告商的虚拟房间时会暂时离开主程序。

类似的广告肯定会在虚拟世界中大量出现。可以将虚拟广告空间卖给广告商，根据需要自行安排，静态广告、动态广告、互动广告，都可以。

VR 广告的受众主要是那些通过 VR 观看演唱会或体育赛事的粉丝，这种广告比电视广告更能实现深层次的互动。

更有趣的想法是 AR 广告。

随着 AR 眼镜（或 AR 隐形眼镜）的大面积普及，AR 广告行业也会迎来爆发式增长。

想想看，如果现实世界中任何一个平面都能成为广告载体，各大公司一定会竭尽全力展示自己的品牌。

如图 2-3-3 所示，是日本的一部反乌托邦短片《超现实》（Hyper-Reality）中的画面，虚拟世界中人们身旁的每个表面都充斥着超感官数据。

图 2-3-3　松田 K 的短片《超现实》的画面

在主人公的视角里，透过 AR 设备看到的真实世界，几乎每个平面都覆盖着数字广告。

无论走到哪里，到处都是令人窒息的视频、图表和静态广告，甚至在杂货店里面也没有喘息的机会——椰子和减肥剂的广告突然出现，整个杂货店内部都被虚拟广告牌点亮，就像时代广场一样。

在影片中，当具备强烈色彩冲击力的 AR 出现故障的时候，我们看到了一个单调、灰暗的现实世界，到处覆盖着 AR 的跟踪标记。

虽然出于震撼观众的目的，这部短片以反乌托邦的视角对未来进行了夸张的描写，但广告商以各种形式向潜在客户推广自己品牌那一天要不了多久就会来临。

如果我们疏忽大意，没有要求广告营销界必须以负责任的态度使用这种新力量，那么短片中的未来可能就真的离我们不远了。

十、未知行业

每一次大规模的技术革命或技术浪潮都会在不经意间创造出全新的行业。

我们来看一些例子：

（1）个人计算机的兴起导致了无数硬件和软件公司的诞生：前者有微软公司和苹果公司；后者有游戏，也有应用软件和实用工具。

（2）互联网的发明诞生了大量的新行业和新公司：从亚马逊到 eBay 再到 Facebook，从电子商务到社交媒体和社交网站，再到博客，从在线文件共享到数字音乐、播客和流视频服务。

（3）手机的普及则造就了整个 App 行业，也再一次普及了微交易，而得益于移动互联网的发展，手机为众多社交网络公司和社交应用的崛起铺平了道路。

但是，预测 VR 和 AR 会造就哪些行业几乎是不可能的。

福特汽车公司的建立者亨利·福特常说："如果我问顾客想要什么，他们只会说想要跑得更快的马。"这句话说明了想象未知有多么困难。

我们会被已知的事物限制，我们的预测也总是突破不了已知的界限，所以我们很难想象那些真正的巨大飞跃会如何改变我们认识世界的方式。

唯一可以肯定的是，随着 VR 和 AR 的崛起，新的行业——现在根本无从揣测的行业——将会与它们一起诞生。

也许从现在开始只需几年时间，把"VR 环境维修工"或"AR 大脑技术员"作为工作头衔，会变成一件寻常事。

一切皆有可能！

第四节　虚拟现实与增强现实的未来

一、VR-AR 技术挑战和展望

（一）挑战

1. 视觉领域

VR 或 AR 显示设备理想地产生视觉信号，但是该视觉信号不包括人类视觉系统可以检测到的目标物体之外的伪影（使看到的场景更逼真）。因此，在确定 VR 或 AR 显示系统的最佳特性之前，必须要了解人类视觉系统的视野范围。

首先，人类视野在不转动头部的情况下，一直被认为是水平 180°（对有些人来说可以达到 220°）和竖直 130°。然而，人类并非在整个视野内都能清楚地感知到他们的环境：最佳视力，称为中央凹视力，仅覆盖整个视野的约 3°—5°。因此，当你阅读本书内容时，仅使用了 20°的视野，符号感知的范围只有 40°，颜色感知是在中心视野的 60°处，双眼视觉覆盖约 120°。但是，这些值仅对固定位置的眼睛有效。眼睛通常扫过场景，因此能够清楚地感知的区域比中央凹视力大得多。

最早出售的专业 VR 耳机覆盖了 100°到 110°之间的视角，略小于人类双眼的视觉覆盖范围。但是，人类极端的周边视觉可以检测到动作并产生警告，例如侧面来袭的危险，或者可以帮助变戏法者在直视前方时抓住球杆。因此，视角小于 110° 的 VR 耳机会产生隧道效应，即减少一个人在视野边缘对环境的不自然感知。

回顾过去，最早在很大程度上克服这一局限性的解决方案是 Sensics 公司在2006 年开发的 Pi Sight 耳机，这款耳机提供了可以扩展到 180° 的视野。这种技术基础是平铺的"小"LCD 屏幕（每只眼睛最多 12 个），并配有优质的光学系统。该设备的主要缺点是产生 24 个同步信号的复杂性，但是成功率非常高。除此之外，目前 VR 头戴式耳机的初始原型使用菲涅耳透镜来缩小外形的同时可以达到 210°的视野。因此，现在只需要增加屏幕的分辨率以保证图像定义不会丢失，VR 头戴式耳机就可以覆盖整个人类视野。

AR 的视野明显变小了。EpsonBT-200 等眼镜的视野范围为 20°，而微软的Holo Lens 则提供接近 30°的视角（基于屏幕相对于用户眼睛的距离）。即使在今天，光学透视系统的这种局限性仍然限制了人类视野，这是一个很难克服的障碍。广泛使用的波导技术具有与其全反射角度（从一种介质到另一种介质的光线被完全反射的临界角度）相关的物理限制，理论上这将导致 AR 眼镜的视野范围限制为 60°。目前，只有与北卡罗来纳大学合作、由纳斯达（NVidia）开发的光学系统原型才能达到 110° 的视野。但是这种基于微穿孔屏幕的技术目前只配备了分辨率非常低的显示器。

2. 显示分辨率

在设计用于 VR 或 AR 的显示设备时必须考虑人类视觉系统的另一个能力——视觉敏锐度，其表现形式是辨别力，也就是眼睛在视觉上分离两个不同物体的能力。在法国，视敏度通常以十分之一为单位表示，而不是以最小分离角度表示。不过 10/10 的正常视力（对于具有极高视觉敏锐度的人可能达到 20/10）对应于弧的一分角（即 1/60°）。

因此，想要获得 210° 视野的显示设备，每眼必须具有大于 8K 的分辨率（如果考虑理想情况，则为 9000×7800 像素），但这其中具有 10/10 视敏度的用户不会感知到像素。人类每只眼睛的水平视野是 150°，并且对于像素的感知尺寸是固定的，而不是由镜片造成的径向畸变情况决定。截至 2016 年底，市场上最好的屏幕可以达到每厘米 210 像素的密度。因此，要在 VR 耳机中实现 9000×7800 像素，就必须使用两个尺寸均为 42.8cm×37.1cm 的屏幕，即总宽度为 85.6cm，高度为 37.1cm。当然这些仅仅是理论数字，仅用于适应每个人感知能力所需的指数和数量级。

但是其实近几代人都没有受到低质量图像的特别困扰，并在标准分辨率为 720×576 像素的电视机上欣赏各种各样的视听内容。从 720p（1280×720 像素），到高清或全高清（1920×1080 像素），再到超高清（3840×2160 像素）和即将到来的 8K 分辨率（7680×4320 像素），提高图像质量已然成为可能。那么对观看者来说，屏幕分辨率的增加给其对视听内容的关注和沉浸水平带来的影响是什么？我们可以将当前 VR 头戴式耳机的分辨率视为标准分辨率（2160×1200 像素）。而在未来几年，这些分辨率将像电视屏幕分辨率一样不断增加，从而使图像质量不断提高，直到达到与人类视觉系统一致的最佳分辨率。

3. 显示频率

人们普遍认为，由于人类视觉系统的特征之一：视觉持久性或"视网膜持久性"，以每秒 24 个图像的速度显示视频是不会产生停顿感的。因此，电影的帧速率已经被标准化为每秒 24 个图像。而对于电视内容，在欧洲是每秒 25 个图像，在美国和日本是每秒 30 个图像。视网膜持久性指的是投影图像保留在视网膜上的特性，这一特性允许人类视觉系统将一系列孤立图像融合成流体动画图像。在 19 世纪，当我们对视觉的理解仅限于人眼的光学和机械特性时，视网膜持久性是人类合并一系列图像能力的唯一解释。然而今天，神经心理学家认为这种解释是不完整的甚至是错误的。他们认为起重要作用的是将图像合并到大脑视觉皮层的过程。这主要得益于 β 效应，它使得大脑可以在动态场景的两个连续图像之间插入缺失图像，从而确保运动的连续性。β 效应经常与 φ 效应相混淆，φ 效应让我们可以忽略两个连续图像的显示之间的黑屏闪烁，电影院早期使用的电影放映机上的快门便是利用这个原理。

如果 β 效应可以插入缺失图像，为什么我们还要提高 VR 和 AR 设备的帧速率呢？原因是相机会产生运动模糊，所以 β 效应可以完美适用于电影。全速行驶的汽车车轮或者飞行中的直升机叶片看起来是静止的，足以说明上述观点，因为此时人眼在视觉化时产生相关联的模糊。还要注意的是当我们在高速相机捕获的视频帧速率为每秒 25 帧的电视上观看时，其闪烁是可感知的。运动模糊大大减少，甚至对于实时渲染的合成图像而言它们没有运动模糊，非常清晰，此时需要高频显示（120Hz）才能提供高质量的视觉体验。所以最新一代渲染引擎具有生成此运动模糊的内置能力来改善电视屏幕以每秒 25 帧的频率展示的视觉质量。这和电影中的数字特效是相同的，都需要运动模糊后处理以确保与电影摄影机捕获图像的一致性。

因此，我们可以得出这样的结论：每秒 24 帧的速率是不够的。目前，HMD 每秒仅显示约 90 个图像，但在未来几年中，这个数字应该能达到每秒 120 个。理论上每秒图像数量越多，用户体验质量越好。所以系统必须有能力计算单眼每秒 120 个图像，或双眼每秒 240 个图像。

4. 图形计算能力

假设技术上可以生产两个 8K 屏幕，每秒显示 120 个图像投影到人类视野范围内，那么是否可以使用当前可用的设备进行实时反馈？当然，答案取决于 3D 场景的复杂性。一般而言，如果我们希望获得每秒处理 120 幅图像所需的速度，最好配置一组图形卡。

最新一代的图形处理器架构 NVidia 开发的 Pascal 架构，它提供多种专用于多屏显示的优化，其中包括各种 VR-AR 显示设备。因此，所有屏幕都是在单个操作中执行构成虚拟场景顶点的处理。除此之外，在使用专用着色器的后处理中优化了 VR 耳机中的每个镜头所特有的渲染图像失真，这种失真可能使用户的眼睛感受到定影。由于每只眼睛感知像素的大小会因为 VR 头戴式耳机的镜头产生的径向失真而变化，所以需要优化（包括局部劣化）渲染图像的分辨率。为与凝视跟踪系统相结合，可以在靠近中央凹的区域中进行高分辨率恢复，并通过降低用户周边视觉的分辨率来优化恢复。目前，还没有足够快速和精确的内置凝视跟踪的耳机。这些优化，加上图形处理中心的增加和蚀刻精细度的降低，让我们能够预见到极其强大的图形容量，从而使未来的 VR 耳机能够呈现超逼真的图像。

然而，必须提醒一点，图形处理能力的增加不能抵消用于实时显示 3D 场景的优化。

我们还要明确的是用于场景 3D 建模的方法并不相似，而要看它们的用途：无论是视频游戏、VR-AR 应用程序还是动画电影，每个图像都需要不同的计算时间，从几毫秒到几分钟甚至几个小时。

以下规则（非详尽的）可以改善 3D 场景的反馈时间，同时保持高水平的真实感。首先，我们必须限制每个反馈对应的图形卡处理的对象和相关三角形的数量，以此降低虚拟屏幕的几何复杂度。目前有几种可能的解决方案：第一种是通过在给定视角（隐藏管理）场景中隐藏或遮挡部分物体，或者根据虚拟对象与其视点的距离调整虚拟对象的复杂性（细节程度），以此仅显示必要的内容。第二种是着色器的使用，这些编程接口允许处理用于优化图形卡的渲染线。例如，着色器可以将一些几何细节"移动"到材质纹理上以便降低处理复杂度，从而降低计算时间。举个例子，凹凸贴图在专用纹理中指定曲面法线，可以将浮雕特征应用于平面。在计算照明期间，将突出显示虚拟对象的粗糙度。

如浮雕映射或位移映射之类的其他技术可以在对象的表面上动态地创建精细的几何图形，而不增加原始对象中三角形的数量。另一个优化是将对象的不同子元素分组为单个网格和单个纹理。其实大多数渲染效果是资源密集的内存分配和几何图形的纹理加载，而不是网格和纹理的处理。因此，包含 50 个对象且每个对象都由 1000 个三角形组成的虚拟场景的渲染总是比包含由 50000 个三角形组成的单个对象场景的渲染时间更长。

最终优化是指预先计算的可能性，例如，虚拟场景中静态元素的光照和阴影。该计算将一劳永逸地执行，并且可以在渲染阶段与动态元素（对象和照明）的亮度和阴影的计算实时组合。

5. 移动性

移动性是一种功能，可以极大增强用户在 VR 和 AR 中的体验。对于许多功能来说，在广阔的空间中移动通常是必不可少的。为了达到这种移动能力，我们需要消除几个障碍。需要能源独立、大范围内实现定位覆盖以及提供高计算能力的无线解决方案。

我们先谈一谈能源独立。移动 VR 或 AR 设备配备有许多消耗电能的电子元件，从屏幕到传感器再到内置处理设备（如 CPU、GPU、VPU、存储器），这些设备经过严格测试后，需要超大电池才能在几个小时内独立使用。然而，这些电池也占据了设备重量的相当大一部分，并且还会发热，所以只有非常仔细地设计 VR 和 AR 头戴式耳机和眼镜才能确保用户的舒适。目前有几种解决方案可以加强这种独立性。首先，锂空气等新能源存储技术将在未来几年内有比目前使用的锂离子技术更好的储存容量 / 重量比。智能手机的普及改变了处理器制造商的政策，不再仅仅专注于提高计算能力，更关注降低电子元件的能耗。由于该装置的各种使用场景也需要很大的独立性，所以除了配备具有极低能耗的电子元件与具有高性能存储的电池，还必须配备远程电池（如佩戴在带子上并通过电线连接到显示装置的电池）或固定电池以确保服务的连续性，这样用户无须停止设备即可轻松更换。

关于用户或 VR 或 AR 设备必须精确定位区域（位置和方向）这一问题，当前红外定位技术价格的下降为其带来了可能性，至少对于专业用途的沉浸式设备，其覆盖范围可以扩展到广阔的区域。尽管 HTC/Valve 的 Lighthouse 不是专门为专业用途设计的，但目前还不可能通过复制这一形式来扩大覆盖范围，这项新技术应该能在未来几年内实现以较低成本覆盖较广阔的本地化区域（如专业动作捕捉系统的情况）。最终的解决方案是简单地使用设备内置的传感器提供定位服务，而无须为真实环境配备昂贵的传感器。这是 AR 系统提出的方法，其独特性在于通过视觉传感器和内部惯性传感器来将使用者自身定位在空间中。此外，微软的 HoloLens 在该领域的技术发展已经展示了相当大的技术进步。尽管目前基于外部传感器的红外定位系统显得更加强大和精确，但我们必须等待、观察这种类型的独立定位系统在不久的将来是否会在 VR 耳机中得到推广。突破使用结构光投影的系统也是有意义的，但似乎这些系统在室内不可用。

最后，如果我们想要移动性，就必须去掉"球和链"！也就是说，VR 耳机和 AR 眼镜不能通过电缆链接到任何计算单元。将所有这些计算能力集成到便携式设备中（通过智能手机或完全集成的设备）才能实现这种移动自由。唯一需要注意的是，数字模拟虚拟环境的 VR 和 AR 需要适当的计算能力来保证用户的最佳体验。此外，虽然移动设备和图形站之间的计算资源差距每年都在缩小，但只有高端性能的设备才能提供最佳质量的体验。所以最初的解决方案不是围绕用户的头部设计，而是将这种计算能力集成到专用背包中。这款背包相当于具有高计算能力的笔记本电脑。该解决方案具有多项优势，它结合了自由移动和高计算能力，可能会在 The Void 公司提出的几个 VR 拱廊和主题公园中使用。尽管如此，这个解决方案依然不很理想，因为用户必须携带重量在 3—5 千克的背包（对于某些主题公园的场景或者是家里的一般使用场景而言非常不方便），但是即使如此，这样的背包也仍然不能提供用于专业用途的图形服务器所需的计算能力。

因此，大多数 VR 耳机制造商与他们的合作伙伴开发由图形工作站向 VR 耳机呈现的无线实时流。另外，如后续进一步讨论的，想要为用户提供高质量的体验就需要极低的图像传输延迟，大约一到三毫秒。因此，目前主要问题在于延迟、显示质量（分辨率和帧速率）和无线网络速度之间的折中。若以恒定速率改善图像质量就需要使用更好的视频压缩机制。目前拥有最佳性能的视频压缩技术是基于帧间编码机制（使用过去甚至未来的图像来压缩视频中的当前图像），该机制适用于称为"实时"（约 200ms）的流，但是远远没有达到 VR 所需的延迟水平（约 3ms）。

因此，提高无线系统的显示质量的唯一解决方案是增加网络流量。目前广泛使用的流量 802.1g Wi-Fi 最大理论速率为 54Mbit/s。在这些条件下，很难想象以每秒 90 幅图像的频率流式传输 2160×1200 视频流，这是 Oculus Rift CV1 或 HTC/Valve Vive 的特性（相当于 5.21Gbit/s 无压缩或大约 2Gbit/s，极低延迟压缩）。只有 60GHz 的新一代 Wi-Fi，也称为 WiGig（无线千兆位），可实现 7Gbit/s 的理论速率。但是，WiGig 覆盖范围仍然受到限制，只有在中等大小的空间才能达到所需的 2Gbit/s。因此，WiGig 可以在短期内解决当前 VR 头戴式耳机中视频流的无线传输问题，但随着耳机特性的发展，该技术的局限性将迅速表现出来。那么对于要为每只眼睛提供 4K 甚至 8K 分辨率和每秒 120 幅图像的耳机，可以采用哪些解决方案？使用可见光的通信技术（如 LiFi）如今在极其受控的环境中达到了几十 Gbit/s 的速率，但商业解决方案只能提供大约十几 Mbit/s 的流量。未来几代 Wi-Fi（90GHz，120GHz）的理论速率是什么？这些技术的覆盖范围是什么？ VR 头戴式耳机中视频馈送的无线流传输问题仍然很复杂，对 VR 耳机行业提出了相当大的挑战。

（二）解决方案

1. 提出问题

如何弥补目前 HMD 技术上的不足？为了简化任务，我们独立地分析了每一个感觉运动的失调性。然而在一般情况下，感官之间的耦合也可能会产生干扰。对于每一个破坏性的、感觉运动失调的问题，我们可以提出以下问题：

（1）如何减轻由感觉运动失调导致使用者不适或不安的影响？

（2）是否有可能通过改变交互范式的工作来消除感觉运动的失调？

（3）我们可以通过改变界面的功能或者增加另一个界面来消除感觉与运动的失调吗？

（4）我们如何适应这种失调，从而摆脱不适或不安？

前三个问题适用于所有失调的情况，而适应问题必须进行全面研究，因为目前还没有针对此类感觉与运动失调的适应性进行具体的研究。

2. 减轻对视觉 - 前庭失调的影响

从虚拟位移产生于相对运动而不是真正的用户路径这个经典案例出发，当用户超过了设定的运动学极限时将会出现失调现象。我们提出了一些可以互为补充的解决办法：

（1）为了限制前庭神经系统的参与，我们必须减小平移和旋转的加速度，虚拟摄像机的倾斜运动（用户在虚拟环境中的视角）以及虚拟相机过于缠绕的行程轨迹（弯曲半径较大）。

（2）运动的感知在视野的外围最为敏感，它可以检测到场景中物体的运动和相对运动引起的光通量，我们可以设想通过遮蔽周边视觉中的图像来缩小观察的范围，或者通过在周边视觉的图像中注入一些来自真实环境的空间参考来减弱这种失调性，从而使用户感到稳定（但是这种解决方案不利于视觉沉浸），甚至在虚拟空间放置相对于真实环境静止的物体，在最后一种情况下的典型例子是静态驾驶模拟器：如果驾驶舱室在驾驶员的周边视野内，驾驶员的稳定性较好，因为舱室在真实环境中是相对静止的。

（3）在扩展上述解决方案时，使用不完全遮挡视线的 HMD 可能是有趣的解决方案："视频眼镜"可以让使用者直接通过周边视觉感知真实环境。在这些条件下，视觉与前庭系统失调的干扰作用被大大减弱，就像我们在看一个简单的屏幕。

3. 通过调整交互范式来消除视觉 - 前庭失调

可以使用三种不同的解决方案：

（1）如果站在真实环境中的人的位移在几何上与虚拟环境中的位移相同，那么两种环境中的轨迹和速度应是相同的，这种情况下的限制是真实和虚拟环境必须具有相同的维度，这意味着视觉刺激、前庭系统刺激和其他本体感受刺激（神经肌肉纺锤波、高尔基体和关节受体）之间保持协调，以及虚拟环境中的手势也与真实环境相同。

（2）如果虚拟环境中的位移通过从一个地方瞬间移动到另一个地方，而用户在真实世界中保持静止，那么连续的运动将被移除，前庭系统也不再发挥作用，因为不再有任何速度和加速度。在这种情况下，由于人在真实和虚拟环境中都是不可移动的，所以这两种感觉是协调的。用户实际上是瞬间从起点到终点的。然而，从起点到终点的视角转换可能会用渐弱平滑的转换效果实现。

（3）使用增强现实技术可以从根本上解决问题。它要求真实环境和虚拟环境在几何上完全相同，因为它们是互相重叠的。这样的话就不会再有不协调的现象了。这在技术上需要使用 AR 头戴式设备。用户看到基于真实环境的周边视觉会感到更加稳定，而目前利用 AR 头戴式设备在周边视觉中显示图像是在技术上难以达到的。

4. 通过调整接口来消除视觉 - 前庭失调

这一类失调问题有两种不同的解决方案。通过运动模拟（1D 或 2D 跑步机）相结合的接口对前庭系统重新产生适当的刺激可以消除这种不连贯。如有可能的话，也相应匹配用户身体的加速度和倾斜度，来保持视觉和运动之间的协调：

（1）运动模拟接口，既涉及前庭系统，又涉及同样需要协调的本体器官，如肌肉、肌腱和关节。针对每一个我们期望的虚拟场景下的行为，我们都必须确保可以为前庭系统提供正确的运动模拟刺激。但有时候，这不是个切实的解决方案，因为成本可能过高。

（2）在 1D 或 2D 跑步机上行动的接口，尽可能正确地刺激本体感受器官（肌肉、肌腱和关节）以减少不协调，但前庭系统却没有考虑到。在这种情况下，视觉本体感受性不协调减少（本体感受、全局），但视觉前庭不协调仍然存在。我们必须考虑这些，并使用一种能减少视觉前庭不协调的解决方案。

5. 适应的困难程度

让用户在一个虚拟环境中适应沉浸和互动的问题不仅仅是适应感觉运动的不

协调以避免不适和不安。实际上，我们必须考虑以下四点：对视觉界面的生理适应，例如 HMD；对界面的认知适应；对交互范式的功能适应；对感觉运动失调的适应。

最后，通过对会造成破坏性的感觉运动失调进行分析，我们在特定的环境中提出能够减轻对用户舒适度和健康的负面影响的解决方案。其中一些解决方案有赖于 HMD 的技术进步，而另一些已经通过实验验证，还有一些仍有待探索。为验证适宜公众使用 HMD 的新解决方案，策划一些实验是十分有必要的。我们的分析是基于对感觉运动障碍的考虑，目的是提高用户的舒适度和健康。然而，这种分析是有限的，因为每一类不协调都被我们假设为独立于其他不协调的分类，这种假设仍然必须得到支持和验证。

鉴于 VR 应用程序对用户健康和舒适存在影响的风险，我们可以理解为什么 HMD 制造商提出要限制其产品使用。他们主要的建议是在使用设备期间时不时休息，在感到不安时立即停止，以及之后不要执行复杂的物理任务，如在使用 HMD 进行 VR 体验后开车。13 岁以下的儿童是禁止使用 HMD 的。在不久的将来，如果要广泛使用 HMD，最重要的是确定 HMD 的使用准则，并研究它们对用户特别是儿童可能产生的长期影响。

二、VR-AR 普及风险和展望

（一）风险

经过 50 多年以基础研究为主的科研和应用程序开发，虚拟现实终于走近大众的生活。最新设备的发展，尤其是 VR 头戴式显示器的出现，使得"虚拟现实"这个词的含义发生了变化。事实上，我们经常被告知 VR 设备足以创建虚拟现实环境。但是我们应该扪心自问：使用这些设备是否真的足以实现 VR 的应用？答案显然是一声响亮的"不"。这种类型的设备被称为"HMD"，其首当其冲的功能是用于查看图像。

为了了解 HMD 的影响，我们有必要了解用户以视觉功能为主的感觉运动功能。其实，这种侵入式的视觉界面对使用者的其他感官和运动行为产生影响。为了对人类的感觉运动功能有一个基本的了解，回顾一些基本概念是有用的。首先，我们的感官让我们感知周围的世界及我们自己。这一现实情境对人们理解最优使用 HMD 的解决方案有很大影响。让我们回顾一下，虽然人的视觉在 VR 中起着基础性的作用，但也必须研究其他的重要感官，比如听觉、皮肤感应和本体感受。皮肤感应包括压力、振动和温度，本体感受是对空间位置、身体运动和肌肉所施加的力的敏感性，使我们能够意识到自身运动。它是由位于肌肉、肌腱和关节、前庭系统、内耳以及视觉系统传感器来协调的。

在所有 VR 应用中，人都是沉浸在虚拟环境中并与之交互的：他们根据"感知、决策、行动"代表的经典 PDA 循环来感知、决定和行动（图 2-4-1）。尽管有技术、生理和认知方面的限制，但终会实现这个循环。

混入感觉、运动和（或）感觉运动会破坏 PDA 循环，因为每个感官的工作都使用独立的 PDA 循环，所以更确切地说是 PDA 多循环。因此，应用程序设计人员的才能在于通过合理选择基础交互、合适的设备和高效的软件来帮助用户实现在虚拟环境中的行为，控制这些破坏产生的影响。

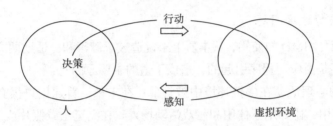

图 2-4-1 经典的"感知—决策—行动"循环

如图 2-4-2 所示，可以看到三个基本的 VR 问题，必须由应用程序设计人员解决。

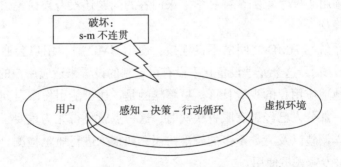

图 2-4-2 感觉运动的不连贯破坏了沉浸感和感觉运动的水平

（1）虚拟世界中人类活动的分析与建模：在虚拟世界中，一个穿戴 HMD 的用户在面对感觉运动不一致时会如何表现？

（2）实现沉浸和交互：哪些界面和交互技术产生了这些不一致？

（3）建模和实现虚拟环境：哪些工具和算法可以帮助减少干扰？

本部分内容分旨在提醒应用程序设计和开发人员尊重基本规则，以开发有效的应用程序。同时为用户提供一个高适应性、相对稳定的面对面的沉浸式体验。我们必须不断地提醒自己，这些技术本身就会干扰到用户的生理和感觉运动功能。例如，立体视觉在调节和聚焦之间产生感觉运动的不一致。该领域的专家在很长一段时间内已广泛了解并记录了这种不一致现象。随着近年来 HMD 的大规模发展，收集到的公众使用反馈却仍然有限。为避免可能因缺乏详细的研究带来的问题，一些 HMD 制造商会警告使用其产品可能带来的风险；并且不建议在一定年龄以下使用。尽管如此，人类在虚拟世界中面对这种视觉沉浸的适应程度的问题仍然是未知的。我们仍在疑惑为什么某些用户会比其他用户更敏感。

在提出一些解决方案之前，我们先讨论使用 HMD 可能导致的一些问题。

1. 健康与舒适度问题

（1）原因：HMD 的使用，从本质上来说造成了健康和舒适度两方面的问题。这些问题可能是由应用程序引起的，造成不适的主要原因有：

①用户的心理活动在虚拟环境中被打乱：在未来，普通用户很有可能会加强对 HMD 的使用，比如用于休闲和游戏活动场景。在浏览全景照片或 360° 视频场景时，只会在较短的时间使用该设备，以减少上瘾的风险。相反，当用于电子游戏时，玩家可以数小时使用 HMD。在后一种情况下，长时间的沉浸式使用可能会导致心理上的问题。由此产生的一个根本问题是：HMD 是否会增加电子游戏上瘾的可能性？这个必须由心理学家和精神病学家来回答的问题还没有被讨论过，因为这种做法还没有普及。

②视觉系统与 HMD 之间的不良连接：使用 HMD 时，用户会通过一个光学设备观察虚拟场景，这个光学设备几乎没有可定制的设置来适应用户的面部形态，也不能很好地适应用户的视觉特征。更糟糕的是，还可能引发眼科问题。当我们考虑到很大一部分人已经患有眼科疾病时，这一点就显得尤为重要了。此外，少数可用的光学调整以及为数不多的校准协议，如很少进行质量检测，或在任何情况下都很少被专业人员使用。

③另一个眼科方面的影响也许是最局限性的——长时间暴露在特定波长下，对应于 HMD 屏幕发出的蓝光（从 515nm 到 555nm）。这些可能会引起长期损害（老年性黄斑变性的风险）。

④不安全的技术设备：主要的安全问题在于佩戴 HMD 的用户的视觉和某些情况下的听觉隔离。我们如何弥补在实验的过程中用户缺乏对真实环境的感知，

特别是当它在应用程序动态运行的期间？如果用户是站在房间里而不是坐在固定的座位上，那么他的人身安全就会受到严重影响。实际上，视觉和听觉的隔离使他们无法对真实环境中发生的事情保持警觉。

⑤感觉运动失调：虚拟现实技术会带来系统的失调问题，包括单种感觉（如，在立体视觉中眼睛的调节和聚焦之间的失调）或者在几种感觉之间（如在跑步机上的运动导致视觉和前庭系统之间的感知不一致），或者在感官和运动反应之间（比如操纵虚拟物体后没有外力反馈的情况）。在现实世界中，个体利用多个感官接收刺激来构建环境的一致性。在虚拟世界中，尽管感觉到运动是不连贯的，使用者仍然会寻求同样的一致性，并且会根据他的经历来解释他的感知。

（2）感觉运动失调：感觉运动失调有很多种类型。最常见的类型是延迟，这可能导致用户在虚拟环境中活动会感到不适，因为他们的操纵行为导致的视觉反馈是有延迟的。这种延迟是由技术性能引起的（计算能力或通信能力不足）。在多感官情境中，同步感官之间的延迟使其连贯也是困难的。

从某些经典且记录详尽的案例中得知，用户可以有意识或无意识地适应某些感官的不连贯协调，其中一些适应几乎是自然形成的。例如，在小型电脑屏幕或游戏机前进行虚拟移动就是这种情况。实际上，这种情况造成了视觉前庭的不连贯，尽管虚拟的运动在虚拟空间中进行，但用户在真实环境中仍然保持固定，他们的周边视觉（固定在现实世界中）和前庭系统完全一致，但与他们的中心视觉不一致。

在这种情况下，用户很难适应不覆盖周边视觉的虚拟移动。HMD 的使用代表了一个相当复杂的问题，我们将在后面进一步阐述。

2. 失调问题

除了来自视觉前庭的失调，还有大量的感觉运动的不一致问题。为了给 VR 应用的设计者提供加强用户舒适度的建议，我们将对失调问题进行分类。我们选择专注于影响严重的失调问题，并在三个经典的 VR 交互范式中呈现：观察、导航和操作。

（1）观察口视觉运动时域失调：用户头部的移动和 HMD 屏幕上视角转换显示之间的延迟导致的问题。这种不一致性影响并不大，如果它低于 1/20ms，甚至可能不可察觉，这也是现在一些 HMD 能达到的。如果不是这样，用户会感知到延迟的运动，这可能与前庭系统检测到的运动有几毫秒不同步，导致用户注视过程不稳定。

（2）视觉残留失调：如果显示图像的频率（FPS，每秒帧数）过低，达不到与视觉系统对感知图像不闪烁和连续运动的要求，就会产生破坏性的失调。这并不取决于视网膜的持久性，而是取决于神经生理机制，如 φ 现象和 β 移动。

（3）眼球运动的失调：在立体视觉中，如果用户不能满足视网膜的差值下限（大约 1.5°），这是曝光时间和用户视觉能力的基线，"调节 – 聚焦"的失调就成为一个问题。有些人对这种失调非常敏感，以至于他们甚至在视觉上无法将这类图像融合。

（4）视觉空间的失调：如果 HMD 的视场与拍摄虚拟环境的摄像机的视场不同，就会产生破坏性的失调。一些设计师使用这种技巧人为地增加用户视野：HMD 大多数只提供了相比于人类视野非常小的水平视野，如果眼睛和头部保持不动可达到 180°。

（5）视觉运动定位失调：头部在真实环境中的运动是在虚拟环境中视角移动的指令，头部不仅有旋转还有平移，但是传感器可能无法辨别出头部的微小平移导致旋转后的显示有差别。因为即使观察者相对静止地站着或坐着，头部也可能存在平移。

（6）空间视动失调：VR 应用程序的设计者可能希望编写一个非自然的视觉观察程序：一个相对于头部虚拟旋转的放大器，目的是让用户的头不需要太多转动就能看到一个更大的视野；一个相对于头部虚拟平移的放大器，目的是让用户可以看到自己的动作；或者更具有创意性一些，将所显示的视图与来自用户头部的视图完全分割开来，例如，对于虚拟环境（或客观视图）的"第三人称视图"。观察者在虚拟世界中可以看到自己的角色（自己的表征），可以观察自己，也可以观察别处。视角也可以是虚拟角色的视角，例如观察者对面的人。

3. 导航

（1）前庭系统 – 视觉（或视本体）失调：虚拟位移产生于相对运动而不是真正的用户路径，这种失调是众所周知的。当用户超过极限位移会受其影响。无论导航方式如何，哪怕是在跑步机上行走，尽管真实行走的本体感受与虚拟位移是协调的，但由于使用者处于真实环境中，前庭系统受到的刺激还是错误的，它会告诉使用者他是相对静止的。

（2）视觉 – 姿态失调：这个问题往往出现在用户保持站立和静止在真实环境中的时候，哪怕他们在虚拟环境中进行相对移动。在感知失调的情况下，使用者必须控制自己的垂直方向的姿势。前庭系统和本体感受刺激向大脑表明身体是静止的。

4. 操作

视觉－手动失调：如果用户真实手的位置与 HMD 中表示的虚拟手的位置之间存在差距（如，由于技术原因），那么就存在视觉－手动失调。在某些情况下，用户可以通过使用"远程操作"（即虚拟对象的远程操作）以一种非自然的方式进行交互来适应这种情况。

在观察场景中影响严重的前五种失调分类（视觉），虽然并非都是针对 HMD 的，但都是由于制作"完美"的 HMD（延迟、图像显示频率、立体屏幕、大视野和精确的头部跟踪）的技术十分困难。在视觉观察不自然或不真实的情况下，用户体验到的干扰要强烈得多。而造成感觉运动障碍的原因要么是技术问题，要么是应用设计者强加的非自然的、不真实的交互范例。

（二）展望

1. 关于用户接受度的问题，VR-AR 专家现在已经基本明确了，研究人员汇集了认知科学、人体工程学和人机界面等领域的专家，开展以用户为中心的研究，从而组建了多学科的团队，目前，社区正直面处理这一问题，并在今后几年进行改进。

2. 许多 VR-AR 应用程序开发领域的大公司也在进行这种努力，特别是由于用户体验或 VX 的概念越来越重要，它从一个营销口号变成了开发原则（不仅在 VR-AR 领域），当然，为用户服务的真实性、多样性和优势保持是发展的首要因素。

3. 必须有效地对未来应用程序设计人员加强教育（品质和质量上），这样才能保证这个行业中活跃着一批专业的开发人员。鉴于这一需要，教学过程必须涉及更广泛的人群，从有一定专业知识的人员到一般公众，以便更好地理解和控制行业发展进程。

4. 资金充足的公司（如谷歌、Facebook、苹果、微软、三星、索尼）应持续介入，并为该领域可持续发展（需要大量的金融投资）做出贡献，但是这并不意味着无视小型创新公司，相反，我们必须帮助它们以低成本获得设备（因为设备是大批量生产的），因而促进整个行业的发展。

5. 就 VR-AR 开发过程来看，主要目标之一是能够在开发小组中齐心工作和互动。无论是在大公司内部，还是在集体讨论中，抑或是在社交网络上，要允许社区成员之间进行交流，只要消除了一部分科学技术的障碍，一些群策群力的应用程序就会爆炸式地产生。网络游戏可能是以上方法的一种简化应用，能提升群众的兴趣和黏性。

6.我们相信，这类设备的性能将在今后几年中得到发展。首先是视觉设备的质量，特别是针对目前过于狭小的视域。其次，利用光场提高合成图像质量也是很有前景的方法。通信速度的不断提升将有益于 VR 尤其是 AR 的发展，它能让视频流有更好的分辨率和刷新频率。小型视频投影仪（pico 投影仪）能在日常环境中即时显示图像，这将使 AR 服务得到广泛的应用，如固定使用（在室内）或在可移动场景中。最后，我们会继续发展能显示图像的隐形眼镜，特别是提高所显示图像的分辨率、减少耗能（及热量），最重要的是提高使用者对隐形眼镜的接受度。

第三章　虚拟现实与人工智能

人工智能与虚拟现实为我们的生活添加了更多的便利。本章主要从人工智能技术概述、人工智能现实应用、虚拟现实与人工智能结合现状三个方面对虚拟现实与人工智能进行阐述。

第一节　人工智能技术概述

一、人工智能的概念

如今的计算机外观各异，种类繁多，能够完成各种工作。许多人都有能够执行命令或是自动检查文档中拼写错误的计算机：会下象棋的计算机可以打败世界级大师；由计算机控制的机器人能够以最快的速度接收地球上空间工程师发出的指令，在其他星球上进行探索。在计算机时代之前，所有的这些工作都只能由人类来完成，这样的情况说明机器是具有智能的吗？将来计算机能够意识到它们自己做的事情吗？有自己意愿、情感甚至是道德观的电脑会出现吗？这样的计算机有什么样的用处，它们又会对人类造成什么样的威胁呢？有一门科学考虑的就是诸如此类的问题，这门科学就是人工智能。

人工智能是指对人类、动物、机器智能行为的研究，以及将此类行为融入人造品中的尝试与努力。它算得上人类历史上最艰巨、最激动人心的事业之一。乍看起来，实现人工智能似乎并无明显的困难，不过，追逐这一目标的过程，却让人们逐渐认识到此中险阻。有人会将太空探索的难度与人工智能研究的难度相比较。不过，两者其实毫无可比性。因为，我们对太空探索中涉及的技术难题多少有所了解，但对摆在人工智能面前的绊脚石几乎一无所知。不过，另一方面，虽然人工智能研究非常艰难，但无论从实用角度还是理论层面来看，都是回报大于付出的。

二、对人工智能的探索

自然语言处理的另一方面是对设计能与人交谈的计算机的尝试，第一个这样的程序叫伊丽莎，是由一位麻省理工学院的计算机科学家约瑟夫·维森伯姆于1966年设计的。

它模拟"间接精神治疗医师"，可以对它的"患者"输入的信息做出反应。伊丽莎引起了公众对人工智能的巨大兴趣。许多与这一程序交谈的人们发觉自己离不开它，有人甚至相信自己是在与人交谈。然而，伊丽莎所做的不过是分析患者的话语并在此基础上提出问题。

自然语言处理所有的句子都可以被分解成独立的短语，每个短语还可以分成更小的部分，这更小的部分还可以再分，直到可以确定每个词的功能，并使句子有意义。人脑如何进行这样的过程解析还不为人所知，但是却可以编程序使计算机执行这个处理过程。有一种谈话机器人很受欢迎，它其实是一种可以与人进行交谈的程序。人们可以在互联网上与这个机器人交谈。甚至有商务网站利用这种程序来回答客户对公司产品所提出的问题。

随着计算机的功能越来越强大，互联网被越来越多的人使用，这种谈话机器人变得越来越普及。而且随着语言的识别和生成变得越来越复杂，与谈话机器人的交流也许会变得更像人与人的交流。

三、人工智能的未来

更大更好设计真正智能的另一途径是建造拥有更多互动人工神经元的、运算更快速、体积更大的计算机。1993年，日本的一个研究小组开始设计一个有着数以百万计的人工神经元的电子大脑。细胞自动控制机（CAM），可以用来操纵一只机器猫。1997年，美国的一个由公司资助的课题组开始设计细胞自动控制大脑机（CBM），到2000年完成的时候，CBM中包括7400万人工神经元，它的处理能力相当于一万台台式计算机。

接近现实许多研究人脑特征的从下到上的项目都可以使我们更加接近设计真正的智能。生物神经元不能被人工神经网络模拟的是神经传递质携带神经信号在神经元之间的突触穿过的分子的运动。无论神经元何时激动，它的轴突都能释放出神经传递质。当这些传递质到达突触的另一端时，它们会被接收神经元吸收。根据传统的神经学，神经传递质都是相对的大分子，它们只能行进很短的距离。然而，在20世纪90年代，神经学家发现，有些神经元散发的神经传递质的分子很小，因此可以扩散到更大的区域影响上百个其他神经元。

　　智能机器人将参与月球或者火星基地的建设工作，它们在恶劣的环境中也能生存，并且可以为人类建造庇护所。机器人在军事上的应用已经很广泛了。许多制导导弹已经使用人工智能以确保能够准确打击目标。无人驾驶的飞机和飞行监视机器人也已处于开发当中。在遥远的将来，智能机器人应用于军事的时候，它们也许会是极端危险的。

第二节　人工智能现实应用

一、智能穿戴

（一）头戴式

1. 谷歌眼镜

说起智能眼镜，不得不提到智能眼镜的"开山鼻祖"：谷歌眼镜。

谷歌眼镜（Google Project Glass）是谷歌公司推出的智能眼镜，谷歌眼镜曾被看作是颠覆未来的产品，在诞生之后引发了社会各界对智能穿戴设备的关注和热议，对后续出现的智能眼镜产生了很大影响。

2012年4月，在谷歌I/O开发者大会上，谷歌公司展示了第一款谷歌眼镜的原型产品。谷歌公司请人佩戴谷歌眼镜在旧金山上空跳伞并且进行全程直播，会场上的人通过大屏幕，以佩戴者的视角，观看了跳伞、降落到走进会场的过程，让人们耳目一新。2014年5月，谷歌宣布公开发售谷歌眼镜，售价为1500美元（人民币一万元左右）。2015年1月，谷歌停售谷歌眼镜。2017年，谷歌宣布放弃消费者版本的谷歌眼镜，同年推出了企业版本的谷歌眼镜，定位于企业级服务，在电池续航、工业设计、交互方式、软硬件方面进行了优化升级，仅面向谷歌相关合作伙伴使用，其中大多是制造业、医疗业的企业。

从技术上看，谷歌眼镜的组成包括一个横条框架，以及鼻托和鼻垫感应器，电池植入于鼻托，自动辨识眼镜是否处于佩戴状态。镜框右侧的宽条状是电脑处理器装置，镜片配备了透明微型显示屏，可以投射画面。谷歌眼镜除了安装摄像头、麦克风、音箱、触控板等元件，还内置了陀螺仪、加速计等传感器，支持蓝牙、GPS 和 Wi-Fi 等多种无线传输模式，音频率采用骨导传感器，具有拍照、视频通话、导航、邮件处理、信息收发、上网阅读、云同步数据等功能，使用 USB 接口或专用充电器充电。从操控上看，谷歌眼镜可以通过头部运动识别、语音指令、手指动作等多种方式进行操作，激活眼镜通过抬头或轻敲镜腿，用户说"Ok glass"，眼镜上的显示屏就可以看到菜单选项，用手指在眼镜腿上滑动，进行功能切换。

在现实中，智能眼镜遭到了一定的外界质疑和抵触，主要不是由于技术问题，而是使用的安全、隐私等问题。首先是分散注意力，用户在佩戴智能眼镜时，眼球必须看着视野右上方屏幕，这容易造成注意力分散，引发走路、驾车时出现交通事故。其次是智能眼镜的监听、摄像功能引发对个人隐私权侵犯的问题，如美国在酒吧、餐厅等多类公共场所禁用谷歌眼镜。此外，很多用户在刚开始使用智能眼镜的时候，充满新鲜感，但热度过后，用户对它的使用频率有所下降，甚至将其束之高阁。谷歌眼镜虽然存在尚不成熟的技术限制和客观因素，但不可否认谷歌眼镜的出现是一个具有里程碑意义的智能穿戴产品。

2. 水下智能眼镜

随着智能穿戴技术的发展和应用场景的延伸，不仅在地面上，用于游泳、潜水等水中使用的智能眼镜产品也成为现实。

Finis Neptune V2 游泳音乐播放器，由一个机身和一对耳机组成，机身背后的夹子可以夹在脑后的泳镜带上，左右耳机上的线可以固定在泳镜带的两侧，紧密贴合耳部，在游泳过程中不会松动，完全防水，佩戴方便，操作简单，设置了音乐播放、暂定、上一首和下一首等功能，通过骨传导技术传输声音，可以在游泳时享受音乐。专为游泳设计的 Instabeat 头戴式智能眼镜，内置动作感应器，可以固定在泳镜上，通过扫描用户的右眼球监测佩戴者的运动强度、心率、卡路里等指标，并通过不同颜色实现相应提醒功能。Spectacles 水下拍照眼镜，点击眼镜左侧的按钮即可拍照、摄录视频并上传到 Snapchat 上进行分享，配合专用的 Seaseeker 眼罩使用，可在最深 45 米的水下拍摄照片和录制视频。

3. 隐形智能眼镜

电影《碟中谍 4：幽灵协议》中有一个经典情节：特工戴着一种隐形智能眼镜，只需连续眨两下眼，就能把自己眼中看到的景象拍成照片，并将照片自动传送到另外一台手提箱打印机,同步打印出照片。

随着科技发展,电影情节已经成为现实。据外媒报道,美国、韩国、日本、比利时等科技企业已经开始对智能隐形眼镜进行研发。例如,索尼公司多年前已向美国专利局提交了智能隐形眼镜的专利申请书,三星公司在韩国申请了智能隐形眼镜的专利。隐形智能眼镜的拍照原理,主要是通过传感器来感知眼皮的运动,佩戴者只需要按照特定方式眨一眨眼睛,就能把眼中看到的东西拍照或录制视频,并通过无线网络传送到手机、电脑上。

智能隐形眼镜还可以接收手机发送的数据、图像、文字,并投射到隐形眼镜上。比利时研制出一种智能隐形眼镜,使用者可以在这种隐形眼镜上观看手机上的内容,与以往的隐形镜片不同,这种智能隐形眼镜可以利用无线接收手机的数据,并将手机上的图像投射在隐形眼镜上。未来,智能隐形眼镜如果在现实生活中得到应用,将帮助我们更方便地记录自己的生活,帮助我们找回遗忘的记忆、遗失的物品等。

(二)手戴式

1. 智能手环

智能手环是最常见的智能穿戴设备,基本功能是记录人的运动数据,培养良好的运动习惯,随着解决方案的升级延伸,延伸出了活动反馈、健身指导、生理指标持续监测等功能,逐渐渗透和改变着人们的运动习惯和健康理念。智能手环的主体材质一般选用医用橡胶,天然无毒、舒适耐磨,外观小巧、简洁、时尚,核心组成模块主要包括传感器、电池、芯片、通信模块、震动马达、显示屏幕、体动记录仪等,可以全天候实时记录人的运动、睡眠、健康等数据。智能手环应用广泛,价格亲民,普及程度较高,很多城市里的上班族处于亚健康状态,智能手环可以帮助人们更好地了解和改善自己的健康。

例如,小米手环是北京小米科技有限责任公司推出的智能手环系列。小米手环第一代于2014年7月发布,小米手环延续了小米产品一贯的高性价比,定价79元,主要解决人们运动时能量计算的问题。随后几年,小米公司陆续推出了第二代、第三代、第四代、第五代、第六代小米手环,售价在100—200元。小米手环主要包括运动监测、睡眠监测、来电显示、闹钟唤醒、久坐提示、快捷支付等功能,还可以查询天气、股票、电影娱乐、人物百科、诗词歌赋等资讯,支持游泳、户外跑、室内跑、健走、锻炼、骑行等多种运动模式(图3-2-1)。

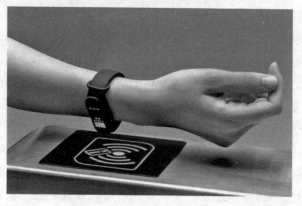

图 3-2-1　小米手环 6 NFC 版

2. 智能手表

智能手表，指除显示时间之外，内置了 GPS 芯片、无线通信、传感器等功能模块，具有上网、通话、拍照、定位、短信、提醒、测步数等功能，可以对睡眠、心跳等健康情况进行监测。按人群细分，智能手表大致分为成人智能手表、老人智能手表、儿童智能手表，针对不同人群的使用需求，各类智能手表有不同的功能侧重。

（1）智能运动手表：运动手表是国内智能手表最常见的一种，除了保留时间显示，主打运动追踪、户外等功能。例如，华米（北京）信息科技有限公司推出了一系列智能运动手表。Amazfit 智能运动手表 3（图 3-2-2），通过"双芯双系统"设计，提供智能模式与 Ultra 模式两种不同的场景模式，满足不同的使用需求。智能模式下，为用户提供运动体验，续航大约为 7 天；Ultra 模式下，仅保留心率监测、通知查看、NFC 模拟、离线支付等日常功能，续航大约 14 天。Amazfit 智能运动手表 3 支持从户外到健身房共 19 种运动模式，配备了 FIRSTBEAT 运动算法，在运动结束之后，佩戴者可以收到手表推送的运动效果反馈，为运动人士提供运动指导，同时避免运动损伤。Amazfit 智能运动手表 3 配置了户外运动所需的海拔计、气压计、指南针等功能，满足户外运动者的需求。用户在手机端下载相关 App 并通过蓝牙连接，查看步数、距离、热量等运动数据及各种训练模式。此外，Amazfit 智能运动手表 3 还加入了手机通知提醒、日常睡眠监测、NFC 公交卡门禁卡、支付宝离线支付等日常生活中经常用到的功能。

图 3-2-2   Amazfit 米动健康手表

（2）儿童手表：儿童安全一直是政府与社会关注的热点问题。一直以来，儿童走失、被拐事件时有发生。如何保护孩子的安全，让孩子健康、安全地成长，儿童智能手表是一种有效的解决方案。伴随着 4G 时代和智能穿戴设备的兴起，儿童智能手表也在市场大潮中崛起。与一般的儿童卡通手表相比，智能儿童手表主打智能互动体验，主要围绕家庭的沟通、娱乐、教育、安全等方面，为儿童提供生活学习娱乐并便于家长监护。

在儿童手表领域，国内的 360 儿童手表比较常见。360 儿童手表针对家长与儿童互动沟通设计研发，软硬件结合，家长可使用 360 儿童卫士 App 与佩戴手表的儿童实时沟通，通过视频通话、双向通话、语音聊天、GPS 定位等，准确查看孩子的活动范围，实时了解孩子的安全情况。360 儿童手表的功能还包括生活习惯培养、运动乐趣、智能学习、电子宠物、财商管理、英语启蒙、字典词典等功能，在儿童的教育、安全、学习等方面提供一个新的途径（图 3-2-3）。

图 3-2-3   360 智能儿童手表

目前，儿童智能手表作为一种兼具儿童安全保护与家庭教育的实用型智能穿戴产品，已经走入了我国很多家庭。孩子可以随时和父母保持沟通，避免因父母工作繁忙与孩子产生隔阂，无形当中增进了亲情和保护。

（三）脚穿式

1. 智能鞋

当大多数智能穿戴设备厂商在"头上""腕上""身上"寻求创新之时，一些研发者则另辟蹊径，让智能产品穿在"脚下"。

（1）智能监测鞋：用于人体监测的智能跑鞋，其特点是不仅包括运动追踪、跑者数据记录的功能，还能分析肌肉疲劳程度。跑鞋内置智能芯片，追踪器、传感器嵌入鞋底，搭配导航地图记录跑步的路线、总距离和步频、速度等数据。智能跑鞋还具有疲劳程度测试的功能，当穿着鞋子跑步时，鞋内的传感器能够测量出跑步时人体腾空的时长和频率，通过这些数据分析跑者的肌肉疲劳程度，以此帮助用户调整运动强度。智能跑鞋配合手机 App 使用，App 里集成了跑步者的运动表现和历史情况，并可以为用户提供综合训练指导。

（2）智能导航鞋：在日常生活中，外出、旅游或是到陌生的地方，通常需要使用手机的地图导航功能，定位目的地进行实时导航。不过使用手机导航的缺点是在走路时眼睛要不时盯着手机屏幕上的指引，如果路上往来的车辆很多，对使用者会存在一定安全隐患。因此，有人想到了将导航从眼睛转移到脚上。

顾名思义，GPS 智能导航鞋的主要用途就是为用户导航和指路，鞋子通过 USB 连接电脑，出发前，用户在电脑中预先制定行进路线，用数据线将其传输至鞋里的芯片中，叩击双脚鞋跟即可开始导航。鞋底内部嵌有微型的 GPS 跟踪设备，鞋头安装了 LED 灯，左脚鞋头 LED 灯为圆点图形，用来指示正确前行方向；右脚鞋头 LED 灯为若干圆点排成的直线型，用来提示用户距离目的地大概还有多远路程。

2. 智能袜子

澳大利亚研究者研制了一款智能袜子，这款袜子主要是为患有下肢疼痛的人进行治疗评估。智能袜子配备 3 个传感器，通过测量用户的体重、脚步移动等数据以便判断患者的腿部承受情况，智能手机的应用程序可将数据传输到网络，医生在电脑上可以实时远程读取患者的腿部数据。有了这样的智能袜子，患有腿病的人可以免去经常到医院检查，在家中穿上智能袜子，就可以在线让医生评估自己的病情并获得治疗意见。

二、智能家居

（一）智能照明系统

1. 智能照明灯

Dots智能照明灯是一款由App控制的模组化照明灯具，它们可用于不同的环境，呈现更佳的照明效果（图3-2-4）。每个照明模块均配备双面LED灯灯光可从两边散发出来。不同的模块通过一根旋转轴连接起来，每个模块均有一定程度的旋转空间。用户可通过App控制每个"Dot"的亮度和旋转角度，以达到理想的效果。

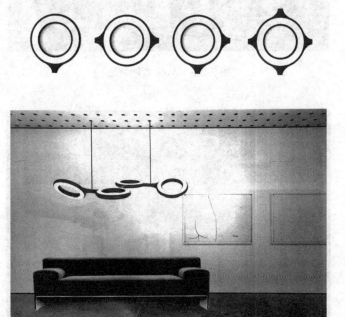

图3-2-4 Dots智能照明灯

2. 智能灯泡

Avea智能灯泡（图3-2-5）支持App控制，用户可根据心情打造完美的照明体验。

用户可选择一个精心设计的情景照明模式，让整个屋子充满美丽迷人。活力十足的灯光，尽情放松自己。用户可使用内置的起床照明模式，在整晚的舒适睡眠过后，用户将会在自然的光照环境中醒来，Avea 使用蓝牙智能技术直接与 iPhone、iPad 或 Android 手机连接（图 3-2-6）。用户只需选择一个情景照明模式，其余交给智能 LED 灯泡便可完成，无须反复连接移动设备。如果将多个 Avea 智能灯泡相连接，它们会自动协调彼此的照明模式，以打造一种身临其境的氛围。

图 3-2-5　Avea 智能灯泡

图 3-2-6　Avea 使用蓝牙智能技术直接与手机相连

3. 语音控制家居照明系统

绿诺（Nanoleaf）lvy 语音控制家居照明系统（图 3-2-7）由绿诺（Nanoleaf）

控制宝和 Smart lvy 灯泡组成，它的外形呈现出强烈的几何美感。绿诺（Nanoleaf）控制宝外观是一个黑色的十二面体，设计新颖大胆。与其他模糊难懂的闪烁指示灯不同，它的顶部是一个发光的五边形，光学效果震撼。灯泡的外形设计也很酷炫：它采用磨砂黑的外壳及标志性的几何状设计。这款照明系统通过语音控制，支持 App，这意味着用户只需通过语音或移动设备便可打开 / 关闭灯具或打造你钟爱的氛围。

图 3-2-7　绿诺（Nanoleaf）lvy 语音控制家居照明系统

（二）智能温度系统

1. 智能空调遥控器

Tado°（图 3-2-8）能让普通空调变身智能空调。Tado° 的工作原理是利用智能手机的地点定位，让空调适应用户的日常生活模式。当 App 感应到人们离开了屋子时，它会关闭空调；当它感应到用户靠近屋子时，它会提前制冷房间。用户通过 Tado° App 可随时了解家里的温度并更改设置（图 3-2-9）。这款智能空调遥控器外观简约时尚，可轻松地融入用户的家庭中。它具备矩阵 LED 显示屏和电容性触摸界面，用户可轻松实现手动操控。它与分体式（壁挂式）、便携式空调等各类空调相兼容，安装过程十分简便。它通过红外（R）与空调连接，并可使用 Wi-Fi 连接至互联网，无须任何数据线（图 3-2-10）。

图 3-2-8　Tado° 智能空调遥控器

图 3-2-9　用户通过 Tado° App 可随时了解家里的温度

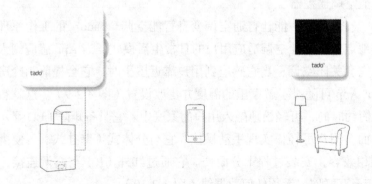

图 3-2-10　Tado° 智能空调遥控器通过 Wi-Fi 连接至互联网

2. 智能无线蓝牙温度计

ThermoPeanut™ 智能无线温度计用于测量不同地方的温度，并提高能源利用效率。它内置两英寸传感器，可通过蓝牙 4.0 与智能手机和平板电脑的 ios 或 Android App 连接。完成注册后，ThermoPeanut 智能无线蓝牙温度计可固定在任何表面，用户可在 App 中预设该区域的理想温度范围。一旦超过预设温度（太冷或者太热），它将发出警报并同时发送到手机（图 3-2-11）。

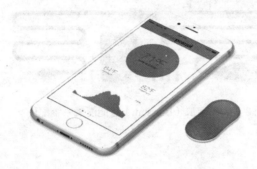

图 3-2-11　ThermoPeanut™ 智能无线温度计与手机 App 相连

3. 智能灌溉器

宝辰（Blossom）智能灌溉系统能帮助解决灌溉用水的浪费问题（图 3-2-12、图 3-2-13）。它搭配 App 使用，用户可随时随地控制洒水装置（图 3-2-14）。宝辰（Blossom）将参考整个庭院的几百个数据点，为你量身定制洒水方案。每个区域会根据你种植的植物种类，喷水器品牌型号等专门定制灌溉方案。此外，它还会实时参考天气数据，用户使用移动设备便可进行操作，帮助节约水费及水资源。

图 3-2-12　宝辰（Blossom）智能灌溉系统外观

图 3-2-13　宝辰（Blossom）智能灌溉系统配件

图 3-2-14　宝辰（Blossom）智能灌溉系统与手机 App 相连

4. 智能门禁系统

奥科斯（August）智能门禁系统是为快递配送员、外卖配送员等第三方服务供应商提供临时访问权限的平台（图 3-2-15）。它包含三个组成部分，即奥科斯（August）智能门锁、奥科斯（August）智能门铃摄像头和奥科斯（August）智能键盘（图 3-2-16）。

图 3-2-15　奥科斯（August）智能门禁系统外观

图 3-2-16　奥科斯（August）智能门禁系统组成部分

（三）智能厨房用品

1. 智能电饭煲

Cooc 是一款能用手机操控的多功能智能电饭煲（图 3-2-17），它搭配 App 使用，集真空烹饪器、电饭煲、烤箱、炸锅、蒸笼、酸奶机等功能于一身。Cooc App 让你能够访问包含各种数据的食谱，并具备操控功能（图 3-2-18）。食谱应用程序会自动设置烹煮温度和时间，并根据用户过往的偏好做出相应调整。而复杂些的烹饪程序还会生成超温图标，同样根据用户的偏好进行操控。当用户的菜肴大功告成或需要采取进一步行动时 App 会给用户传送通知（图 3-2-19）。

图 3-2-17　Cooc 多功能智能电饭煲外观

图 3-2-18　Cooc 多功能智能电饭煲与手机 App 相连

图 3-2-19　Cooc 多功能智能电饭煲烹制美食

2. 智能平底锅

Pantelligent 是能够控制烹饪温度和时间的智能平底锅（图 3-2-20）。它内置与 App 同步的传感器。当用户打开 App 并选择你正烹煮的食物及烹煮方式时，App 会使用平底锅产生的数据来实时调整菜谱。随后，智能平底锅会直接测量烹煮温度，并通过手机屏幕或语音给用户发送通知。用户会知道何时需要翻炒，何时需要添加佐料，何时需要调整烹饪温度及何时烹煮完毕（图 3-2-21）。

图 3-2-20　Pantelligent 智能平底锅

图 3-2-21　Pantelligent 智能平底锅 App

3. 智能家用咖啡豆烘焙机

伊卡哇（IKAWA）是一款数字微型咖啡豆烘炒机（图 3-2-22），用户只需轻按按钮，咖啡机就会开始焙炒。它配套的 App 收录了各种精心研制的咖啡豆烘焙配方，为用户带来口味绝佳的咖啡。用户还可以使用智能手机或平板电脑，更改烘焙时长、温度和气流，创造自己喜爱的烘焙配方，然后通过 App 在线分享（图 3-2-23）。

图 3-2-22　伊卡哇（IKAWA）数字微型咖啡豆烘炒机

图 3-2-23　伊卡哇（IKAWA）数字微型咖啡豆烘炒机的手机 App

第三节　虚拟现实与人工智能结合现状

一、相关概念

（一）人工智能

人工智能就是对人类大脑的模拟，但是也并不完全是简单的模拟。在日常生活中，我们利用人工智能进行模式识别、机器翻译、计算机博弈、智能代理、专家系统机器证明、数据挖掘……当然，我们也能够利用人工智能对教学方式进行一系列的改革，例如近年来提出的虚拟现实教学。

人工智能将多媒体与仿真技术相结合而产生的虚拟现实技术，充分发挥了虚拟现实情境的独特优势，帮助学生在经验技能和知识理论中实现知识理论与技能经验的整合，能够不断激发学生学习的自主性、协作性和创造性。

（二）虚拟现实

虚拟现实能够提供一种可迁移的经验，也可以丰富我们日常的非虚拟现实的经验。通过对真实世界的虚拟，给学习者提供机会去尝试多种选择，但没有现实世界中所具有的危险性，也没有现实世界中所需要的时间、空间和金钱上的浪费；学习者还可尝试在现实世界中无法实现的一些方案，以确定哪个方案是最佳的实现选择。这样，既可避免学习者受到伤害，也可使现实免受损失。

（三）增强现实

增强现实（Augmented Reality，简称 AR）是将虚拟信息加到真实环境中，来增强真实环境。那么，增强虚拟（Augmented Virtuality，简称 AV）的原理是什么？其实它是将真实环境中的特性加到虚拟环境中。举个例子，手机中的赛车游戏与射击游戏，通过重力感应来调整方向和方位，就是通过重力传感器、陀螺仪等设备将真实世界中的"重力""磁力"等特性加到虚拟世界中。

相对于虚拟现实来说，增强现实就是增强了现实元素，可以简单地理解为增强现实是将虚拟信息显示在真实世界，也就是将真实环境和虚拟信息或者物体展现在同一个画面里。比如在科技馆中可以看到通过增强现实技术将新闻、视频、天气投射到真实的模型中，进而与参观者实现更好的互动。增强现实还可以辅助3D 建模、模拟游戏等。

增强现实的特点：真实世界和虚拟的信息集成，具有实时交互性，是在三维尺度空间中增添定位虚拟物体。

（四）混合现实

混合现实（Mixed Reality，简称 MR）包括增强现实和增强虚拟，指的是合并现实和虚拟世界而产生的新的可视化环境。在新的可视化环境里物理和数字对象共存，并实时互动。混合现实是在虚拟现实和增强现实兴起的基础上提出的一项概念，可以把它视为增强现实的增强版。MR 技术主要向可穿戴设备方向发展，其代表为 Magie Leap 公司，该公司研究的可穿戴硬件设备可以给用户展示融合现实世界场景的全息影像。公司创始人将其描述为一款小巧的独立计算机，人们在公共场合使用也可以很舒服。此外，它还涉及视网膜投影技术。

MR 可以看成是虚拟现实和增强现实的结合，将虚拟现实和增强现实完美地结合起来，提供一个新的可视化环境。在增强现实中，人们能很容易地分清楚哪些是真的，哪是虚拟的，但在 MR 可视化环境中，物理实体和数字对象形成类似于全息影像的效果，可以与人进行一些互动，虚实融合在一起，让人有时根本分不清真假。

二、人工智能背景下虚拟现实与新媒体发展

（一）人工智能与虚拟现实

在智能时代，人工智能与虚拟现实（VR）之间是一个"体"与"用"的关系。在媒介系统中，所谓"体"是指支撑网络或承载网络，而内容、应用等则称之为"用"的层面。回顾传媒行业的发展，所有"体"与"用"的关系可以追溯到最初我们通过载波来承载声音与图像，数字化后通过专网来传输数字音视频，三网融合后通过融合网络、智能终端来传播全媒体内容。在今天人工智能正如"载波""专网""融合网络、智能终端"一样扮演着"体"的作用，而 VR/AR 以及全息则是 AI 媒体环境下的内容形态与媒介形态的代表，与人工智能共同构成一组全新的"体"与"用"的关系。

（二）增强现实与 MR

从两者的定义来说，增强现实往往被看作是 MR 的其中一种形式，因此在当今业界，很多时候为了描述方便或者其他原因，就将增强现实当作 MR 的代名词，用增强现实代替 MR。从广义概念来讲，增强现实和 MR 并没有明显的分界线，未来也很可能不再区分增强现实与 MR，MR 更多也只是在概念上的亮点。为了更好理解，可以通俗地解释如下，有两个主要的不同点。

第一，虚拟物体的相对位置，是否随设备的移动而移动。如果是，就是增强现实设备；如果不是，就是 MR 设备。举例说明，用户戴上谷歌眼镜（Google Glass），它在用户的左前方投射出一个"天气面板"，不管用户怎样在屋子中走动，或者转动头部，天气面板一直都在用户的左前方，它与用户（或者谷歌眼镜（Google Glass））的相对位置是不变的，用户走到哪里，就把它带到哪里。而微软全息眼镜（HoloLens）也会在屋子墙壁上投射出一个天气面板，但是不同之处在于，不管用户怎样在屋子中走动，或者转动头部，天气面板始终都在那面墙上，它不会因人的移动而移动（这里主要涉及空间感知定位技术——SLAM，即时定位与地图构建为其中最主要的技术之一，作用是让设备实时地获取周围的环境信息，才能精确地将虚拟物体放在正确的位置，无论用户的位置怎么变动，虚拟物体的位置都可以固定在房间中的同一个位置）。

第二，在理想状态下（数字光场没有信息损失），虚拟物体与真实物体是否能被区分。增强现实设备创造的虚拟物体，是可以明显看出是虚拟的，比如激萌（FaceU）在用户脸上打出的虚拟物品、谷歌眼镜（Google Glass）投射出的随用户而动的虚拟信息。而 Magic Leap 是让用户看到的虚拟物体和真实物体几乎是无法区分的。

当然，"增强现实设备"与"MR 设备"的界限不是绝对的（甚至说这种界限是企业自己定义的），这里把它们分为这两类，主要是让大家明白他们所应用的技术和达到的效果是有所区别的。增强现实设备未来也会使用 SLAM、数字光场以及视网膜投射等技术（如谷歌（Google）的 Project Tango 等），这时增强现实也就演化为 MR 了。

当然，MR 也是需要头戴式显示设备的。除了在大家熟知的游戏领域，虚拟现实、增强现实、MR 还在教育培训、艺术展示等方面广泛应用。随着技术的进一步发展，必将更多地融入人们的现实生活，或许将来可以在手机上实现，成为未来生活不可或缺的随身工具。

综上所述，虚拟现实是虚拟的，假的；增强现实是虚拟与现实结合，真真假假、真假难辨；而 MR 则是增强现实的增强版，与增强现实没有明显的区分，也是真真假假结合在一起。与虚拟现实和增强现实相比，MR 的概念兴起较晚，发展也较为缓慢。

从近年来 VRIAR 的技术应用发展来看，今天所强调的 VRIAR 的轻量化技术与个人设备的结合是未来发展趋势之一。而 MR 则代表了虚拟现实演进的一个长远的方向。它通过这种更复杂的异质媒体系统之间的结合、多空间的信息融合去突破三维视觉，实现一个高维沉浸感。

在未来的 VR 内容制作上以场景思维代替镜头思维，以轻量化应用设备满足用户需求，以 VR+ 多形态的展现方式将共同推进 VR 行业的发展。VR 技术本身代表了人的感知系统与客观世界之间的关系，它桥接了现实世界与想象空间。任何一个技术的发展初期都会存在多种问题，但正如高铁代替最初的蒸汽火车一样，VR 技术的发展在未来一定会成为人工智能时代的主流形态。

第四章　虚拟现实技术现实应用

在本章内容中，我们将探讨虚拟现实技术现实应用，本章主要从医疗健康行业，教育行业，艺术、科技与城市发展，休闲娱乐行业四个方面进行阐述。期望能够通过本章内容的讲解，提升大家对相关方面知识的掌握。

第一节　医疗健康

人们常常对 VR 抱有误解，以为它主要是用于游戏和娱乐的，但情况并非如此。VR 确实能够带来不可思议的游戏体验，但它的潜力可远不止于此。事实上，如果能跳出娱乐的范畴，把 VR 用于创作、教育、共情和治疗等方面，这项革命性的技术才能真正发挥威力。下面我们将探讨 VR 在医疗行业中的一些具体应用，针对它们的类型、作用和前景，我们逐一进行分析。

虚拟现实技术作为一种新的医疗工具，与传统疗法相比具有更高附加价值。有研究者评估利用虚拟现实平台工作站进行脑动静脉畸形显微手术的可行性，研究证明通过对 3D 多模态成像数据进行全面的分析，有助于制定良好的手术策略，增强术中空间定位准确率。有学者 2016 年研究发现，虚拟现实技术进步快，图像质量提高，能设定与刺激相关变量。相比传统心理治疗法，暴露疗法成本更低。研究者们在 2017 年对虚拟现实技术在治疗焦虑症等精神疾病应用研究后发现，虚拟现实技术允许治疗师通过设备控制刺激量，这是一种方便有效的治疗方式。针对焦虑相关疾病的虚拟现实暴露疗法试验数量和多样性都在增加，其中大部分都是针对恐高、蜘蛛恐惧症等特定恐惧症，并被发现有一定疗效。虽然社会反应良好，但一些学者问题意识较强，他们 2019 年最新研究认为虚拟现实治疗还存在 2 个关键问题，一是提高现有方法的长期疗效，二是促进虚拟现实技术的临床传播。相关研究都证明虚拟现实技术可以改善医疗保健效果，但是尚未转化为普通临床研究，还没有得到广泛应用。

有些人可能会觉得把医疗保健与 VR 放在一起很奇怪，但它还真是最早探索 VR 用途的行业之一。早在 20 世纪 90 年代，医学界的科研人员就已开始研究如何将 VR 应用于医疗，但这项技术现在才刚刚开始在医疗领域发挥作用。本部分内容涵盖了 VR 技术在医疗领域的几种应用，包括出于同理心的目的开展的疾病模拟，通过构筑难以复制的培训场景来给未来的医学专业人员授课，还有处理心理问题的新方法，如抑郁症和创伤后应激障碍（PTSD）。当然，这些内容只触及 VR 在医疗领域用途的皮毛，随着 VR 的日益成熟，它能做到的事会越来越多。

在医疗领域，VR 的世界是一个令人目眩神迷的新世界，云集了很多新想法。举例来说，一是为外科医学生构建能让他们获得更多手术经验的训练场景，大幅改善患者的治疗效果；二是包括存在帕金森氏症和截肢等各种问题的潜在患者的治疗方案，都使 VR 在医疗领域大有可为。

一、体验阿尔茨海默病

Beatriz（比阿特丽斯）是角色代入技术实验室（Embodied Labs）开发的系统，这家实验室专门研究如何利用 VR 技术帮助医疗专业人员真正了解患者，用户在系统中的名字即为 Beatriz，用户要全程体验阿尔茨海默病早、中、晚 3 个阶段的病情变化。

这段经历涵盖了 Beatriz（比阿特丽斯）十年的人生，从 62—72 岁，在每个阶段，用户代表着 Beatriz 要与日益严重的认知障碍进行斗争。

在早期，Beatriz（比阿特丽斯）会逐渐意识到大脑正在发生变化，并开始在工作和生活中应对这些变化，工作时会犯糊涂，分不清方向，在其他地方也是，如在杂货店里。

在中期，要观察阿尔茨海默病如何在宏观层面影响大脑。Beatriz（比阿特丽斯）的角色开始出现幻觉，你在家里变得困惑和害怕，需要帮助和照顾，还会发现家人开始为如何照顾你产生冲突。

最后，用户会经历阿尔茨海默病的晚期症状。虽然在节日聚会中能感受到一丝快乐，但你会看到 Beatriz（比阿特丽斯）的家人因为她越来越严重的病情产生情感挣扎。Beatriz（比阿特丽斯）融合了真人 360° 视频、游戏互动和 3D 医学动画等多项技术。角色代入技术实验室（Embodied Labs）首席执行官凯丽·肖（Carrie Shaw）表示："项目的目标是获取大量的真人数据，然后把数据与身体内部正在发生的事情背后的科学性结合起来研究。"

Beatriz（比阿特丽斯）项目针对的是阿尔茨海默病患者的医护人员和其他承担照顾任务的人，目标是让他们亲历患阿尔茨海默病的真实全过程。拥有与患者一样的眼睛，才能亲身体会患者看不清楚也听不清楚的痛苦，才能更好地与他们交流，更深入地理解他们的困难，也才能更好地完成自己的医护工作。

二、虚拟手术室

VR 技术作为一种教学手段在医学领域有着巨大的潜力。在医学领域，不管学哪个专业，要得到适当的培训都很困难，接触不到病人就无法和同行开展学习和研究，就成不了医生或其他医疗专业人员。

医疗现实公司（Medical Realities）是一家专门研究如何利用 VR 技术从事手术训练的公司。按道理，观摩手术是需要待在手术室的，这家公司希望能用 VR 技术使观摩能在世界上任何地方进行。2016 年，公司的联合创始人莎菲·艾哈迈德（Shafi Ahmed）医生在伦敦给一名患者切除了癌细胞组织，他是第一个允许 VR 进入自己手术室的人，有将近 55000 人收看了这台长达 3 小时的手术。医疗现实公司（Medical Realities）的目标是让用户在手术过程中有如亲临，还能按他们最感兴趣的事情改变视角。医疗现实公司（Medical Realities）现有的平台可以在不同的摄像机视频源之间切换，如腹腔镜或显微镜，还有手术台的 3D 特写。平台内置的教学模块都有 VR 解剖画面和问题列表，用户可以在前后对比检查，保证学习效果。VR 不仅仅是一种观摩手术的新手段，一家名为"3D Systerms"（3D 系统）的公司甚至还开发出了外科手术模拟模块，复制了外科手术的环境。LAP Mentor VR 是一套完全沉浸式的腹腔镜手术培训系统，用户身处虚拟手术室，耳边有完整而真实的声音干扰，再现了手术室的工作压力。与常规的 VR 运动控制器不同，"3D 系统"公司在自己的产品中用的是 LAP Mentor，一套用于模拟实际手术中的人体组织反应，具有真实触觉反馈的控制器。

三、心理治疗

创伤后应激障碍（PTSD）是一种精神健康问题，一般与军队有关，但也可能发生在任何经历过生命威胁的人身上，如搏斗、车祸和性侵。有关该问题的起因和治疗手段，医学界没有达成共识，但暴露疗法很有希望。暴露疗法是一种帮助人们克服恐惧的心理疗法，已被证明对治疗包括恐惧症和经常性焦虑障碍在内的心理疾病很有帮助。

沉浸式交互体验：虚拟现实技术的应用与前景研究

暴露疗法有几种变体，既可以活灵活现地想象和描述让人恐惧的东西，又可以撕开创伤直面恐惧。但有治疗师在旁边看着，让一个人直面恐惧是不现实也不可能的，但这个正是 VR 擅长的方向。有了 VR 技术，就可以不再通过病人的想象来面对创伤，人们可以构建可控的模拟环境，让病人和治疗师共同体验虚拟场景。由于体验是完全模拟的，治疗师能够把恐惧场景的数目控制在适合患者的范围以内，而患者可以在整个过程中与治疗师交谈。

心理治疗并不局限于 PTSD。发表在《英国精神病学杂志》（the British Journal of Psychiatry）公开版上的一项研究表明，VR 疗法可以通过减少自我批评和增加自我同情来缓解抑郁症的症状。

在这项研究中，一些患有抑郁症的成年人接受了治疗，医生告诉他们要让一个正在哭泣的孩子（当然是虚拟影像）安静下来，他们照做了，孩子也确实渐渐停止哭泣。然后，病人被代入孩子的形象中，他们就能听到"成人版"的自己是如何安抚"化身版"的自己的。研究成果只能算是初步结论，但大多数患者说他们的抑郁症状有所缓解，而且接受治疗后，他们发现在现实生活中对自己不再那么挑剔了。

人们也在研究如何将 VR 用于改善饮食失调和"身体畸形"（认为自己身体有严重缺陷的强迫症）。最近有一项研究邀请了一些女性，让她们估计自己身体各部位的尺寸，然后让她们进入 VR 世界，在里面她们的头部被替换成自己的头像，腹部稍微平坦一些。然后，研究人员要求她们再次估计自己身体部位的尺寸。结果显示，参与者在拥有虚拟身体后对自己身体尺寸估计得更准，作为对比，那些未用虚拟形象替换的情况大不一样。从本质上讲，VR 能够让参与者更好地了解自己的真实模样。这就可能使 VR 成为一种非常有效的治疗方法，用于治疗那些深受饮食失调或"身体畸形"困扰的人，这些人经常错误地看待自己的身形，并以不健康的方式加以调整。通过帮助这些患者树立真实的自我形象，VR 技术可以让他们养成更健康的生活习惯。

第二节　教育行业

一、虚拟场景教学

虚拟现实技术提供了一种存在感和沉浸感，引发情绪化学习，有助于提高学习者认知水平。学者帕特迪斯（V.S.Pantelidis）在 2010 年分析了在教育培训中使

106

用虚拟现实技术的原因，介绍了虚拟现实的优缺点，提出了一种确定何时使用虚拟现实技术的模型。

英国人类学家布朗（A.Brown）等人从成本出发，认为虚拟现实技术是课堂上的低成本工具资源，部分廉价易用的虚拟现实软硬件适合普通教育使用。他们通过研究确定，虚拟现实教育培训能有效改善学习者学习体验。2019 年，一些学者的实验法研究是最新研究成果，他们以"药理学和治疗学"和"理解生态旅游"课程为实验对象，结果表明在课堂中对沉浸式虚拟现实技术的使用进行批判性反思。他发现虚拟现实最常见问题是系统可能引发晕动症，分散用户注意力，这也是未来虚拟现实技术研究要解决的问题之一。

三星公司和捷孚凯（Gfk）公司对 1000 多名教师和教育工作者进行过一次调查，调查结果显示，尽管只有 2% 的教师在教室里用过 VR，却有 60% 的教师对教学中引进 VR 技术感兴趣，有 83% 的教师认为在课程中加入 VR 元素会改善学习效果。此外，有 93% 的教育工作者表示，他们的学生热切盼望能在学习过程中用上 VR 技术。

下面介绍一些利用 VR 技术开展教学的方法，既包括老师在课堂上开展历史主题 VR 旅行，又包括 VR 技术通过教育在激发同理心方面发挥作用。如何激发学生的学习热情，向来是老师们最头痛的问题之一。如果 VR 能提高学生对教材的兴趣，学生更有可能记住知识。而且，有些学生在学习方面存在着各种各样的问题，这些问题在传统的课堂环境下无法解决，但 VR 能带来很大帮助。

（一）VR 体验环球旅行

谷歌探险（Google Expeditions）是一款利用 VR 技术带着学生环球旅行的教学工具，不需要准备大巴和盒饭。这款应用已有数百条 VR 旅行路线，涵盖文艺、科学、环境和时政等诸多领域。利用 360° 的照片、声音和视频，学生可以到刚果研究大猩猩，也可以到大堡礁探索生物多样性和珊瑚类型，还可以到婆罗洲考察环境的变迁。有些本来无法去的地方现在利用三维模型也能去，如人体呼吸系统或细胞的内部。

老师在整个体验过程中担任向导，一般用 iOS 或 Android 平板电脑，学生则用谷歌智能头戴式显示器（Cardboard）设备。所有设备都通过共享的 Wi-Fi 热点互联，领队（老师）负责控制场景并传送到队员（学生）的设备中。

领队可以把不同的知识和兴趣点指给队员看，如乘坐美国宇航局（NASA）的 Juno 木星探测器时，把木星的大红斑指出来。点击大红斑后，所有的设备中都会高亮显示，箭头会指引队员前往正确的地点。另外，领队通过平板电脑还能知道每个队员正在看什么，有些队员容易走神，这一招很管用。这款应用还准备了很多不同难度的问题和答案，领队可以拿来考考队员，看他们有没有记住这一路上学到的知识。

谷歌探险（Google Expeditions）VR 把知识活灵活现地呈现在学生面前，既生动又有趣，可比书里的插图强多了。毕竟，在书中读到"哈利法塔是世界上最高的人造建筑"与体会"站在哈利法塔第 153 层边缘"的感觉根本就不是一回事。如图 4-2-1 所示，是 Google Expeditions 在领队的平板电脑上和队员手机上的不同画面，他们探索的是 Vida 公司开发的《世界节日》（Festivals of the World）。领队的画面上有各种各样的知识和兴趣点用于讲解，还能知道队员们正在看什么。

图 4-2-1　平板电脑和手机上的 Google Expeditions

（二）VR 体验电影场景

《锡德拉头顶上的云朵》（Clouds Over Sidra）是盖博·阿罗拉（Gabo Arora）和克里斯·米尔克（Chris Milk）在联合国的支持下拍摄的一部虚拟现实电影，讲述的是一个名叫西德拉（Sidra）的 12 岁叙利亚难民女孩的故事，她住在约旦的扎塔利（Za'atari）难民营里。镜头一路跟随西德拉（Sidra）离家，上学，踢球，最后再回到家，通过画外音、视频和难民营里其他孩子们的照片讲述了一个完整的故事，最后以被一群孩子围住结束。这部拍摄于 2015 年的电影是一次很有趣的探索，也是用 VR 电影这种方式讲故事的一场试水。电影在技术上并不复杂，效果也不花哨，就是一部简单的 360° 视频，而且也没有那种能让我们大开脑洞的东西。

没错，这部电影就是告诉我们一段简单的 VR 视频能做什么，通过类似的作品，无论是成年人还是孩童都能了解到真正的难民生活是什么样的。生活中人们常常会自动过滤掉有关难民危机的新闻报道，但在 VR 中，没有这个选择。随着 VR 头显的普及，用 VR 电影讲故事可能会成为人们了解时事的通用做法，影片《锡德拉头顶上的云朵》也证明了这种办法确实有效。在 2015 年的筹款大会上，这部影片筹集到超过 38 亿美元的款项，比预期高出 70%，而联合国的统计显示，看过这部影片的人的捐款意愿比没看之前提高了一倍。

二、数字化学习

学习是一个反复从个人或他人经历中汲取知识的过程，它是一种训练，一个解释性说明，帮助我们采取相应的行动。学习是为了提高个人的体力或脑力活动表现。对此，有人提出了自然环境、商业和社会环境的适应问题。适应自然是"生命"的一个基本特征，这是达尔文的观点，其进化论的基础是自然选择。自然选择不涉及学习过程，遵循随机优先。然而，社会或商业环境的适应并不是随机问题，它需要逆流而上的思维，这种思维以信息为基础，而信息的获取来源于日积月累的学习、个人经历或知识传播。

学习对于人类进化至关重要。因为学习，人类得以在生命早期学会基本的能力，例如识别声音、人脸、理解话语内容、学会行走和说话。因为学习，知识得以代代相传，每一代人都能添加自己的经验。在这个日益复杂的世界，我们不得不为知识的传递构建一个框架。如今，要培养一个优秀的工程师需要 20 年。在信息和通讯（影声媒体、互联网）高度发达的社会里，也许有人会说，学习就是获取信息。这种说法是片面的：信息当然是学习的一个重要部分，但是获取信息和接受培训并不是一回事。这是方法论层面的学习过程，而非信息的获取、知识的知晓，显然学习者掌握的是"渔"而不仅仅是"鱼"。在真实的学习中，学习者（在人工智能中，算法是学习者）必须能够对多个方案进行选择，从中汲取知识并实现目标。这种知识将转化为或好或坏的经验，最终形成初级水平的学习。我们在人工智能方案中发现的正是这种初级学习，也叫"自主学习"。这种学习的结果，不仅是掌握知识的过程，更是积累知识技能并将其转化为自身文化素养的过程。

数字化学习已是老生常谈，如今，通过极其复杂的统计处理（如历史还原），决策方案已经能够模拟过去的情境。其目的就是要找出历史数据中的结构性因素，也就是模拟情境中的解释变量（年龄、性别、籍贯、社会经济地位等）。这些变量是模型的基础。

例如，变量可以解释顾客的购买行为，特定产品或服务的销售率以及公司的金融活动，等等。随后，这些模型将成为公司的"数字记忆"，成为未来预测分析进程的一大结构性输入。由于未来预测的不确定性，这些分析数据也会经过不断的调整，使公司的管理适应当前的实际。只要模型要素的表现相对稳定，而且在几个月甚至一年的时间里能够复制，那么其预测的质量相对来说比较可靠（以模拟数据的标准差概率为模），虽然模型的"静态"特征是唯一弱点（解释变量被事先定义为输入，增加了预测困难）。模型的惰性会加大应对变化（购物行为、顾客变动、各种突发事件等）的困难，对商业活动造成影响。模型的适应能力与其创建方式息息相关，在一些情况下，有的模型并不能针对变化进行调整。这时，我们需要创建新的模型，创建能够适应变化的模型。这是一项漫长复杂的统计和数据处理任务，同时，它也会影响"上市时间"（执行时间）。在这个永不停息的全球化世界，时间和机遇息息相关，在许多情况下，这种模型并不是十分见效。但是，它为许多预测和优化方案提供了基础。

当下最热门的讨论是连接大数据的人工智能对于数字化学习的意义。目前，只有复杂的算法才能实时处理大数据。近年来，作为原材料的大数据带回了人工智能。数据来自无穷无尽的互联网，可消耗的数据越多，人工智能的学习速度就越快。大数据处理方案能够汇集、总结并显示来自不同源头的巨量数据，而人工智能恰好能从中提取所有的价值。除了大数据，人工智能也将用于提取意义，通过持续的学习确定更好的结果并执行实时决策。随着世界日益走向数字化，大数据和人工智能技术将会逐渐融合。这是一个拥有无限潜力的机遇，能够改变公司及其战略。人工智能是一个天资聪颖的"小学生"。但是，我们如何确保电脑程序去学习自己的经历？换句话说，我们要问的问题是：没有了模拟操作的程序员，仅基于任务结果评估的电脑能做到自主学习吗？电脑程序能否像孩子一样去理解身边的环境？尽管道路漫长，近年来许多大公司却在人工智能领域投入大量资金，机器学习（有监督或无监督）已经取得了显著的进展。其中，最让大家啧啧称赞的要数谷歌大脑。2012年，通过分析数百万无标签的网络图像，谷歌大脑能够让机器发现交谈的概念。

"监督型学习"是最常见的学习技巧，其目的是让机器识别数据流（图像、声音等）中的元素。监督型学习表明我们知道预期结果，如识别一张图像中的车。为了让程序学会识别物体、脸、声音或其他东西，我们需要提交上万甚至上百万张图像。这种训练需要好几天的加工处理，分析人员也会监督检查，确保机器正在学习，有时也会纠正错误（程序并不会处理错误）。在训练阶段过后，程序将处理新的图像（在学习阶段没有被用过的图像），目的是检测机器学习的水平。换句话说，就是识别新图像中的旧元素。虽然比较过时，但在技术进步的推动下，这种技巧也取得了一定的发展。随着可利用数据的增加以及计算机能力的提升，工程师们已经能够大大提高算法的效率。新一代的监督型学习已经成了日常生活的一部分，机器翻译工具就是最好的例子。通过分析文本及文本翻译数据库，机器翻译不断探索统计规律，试图为单词、短语甚至是句子寻求最贴切的翻译。

监督型学习分为4个阶段：

（1）明确输出结果。

（2）指导机器识别带有数据标签的图像（用作模型的学习数据）。

（3）将待分类的原始数据输入机器。

（4）核实结果后输出。

监督型学习采用"奖励"模式。"奖励"是对错误（失败和成功的比率）的一种预估，每一个模型都会以权重或概率形式传播错误。通过这个过程，系统会知道自己的输出正确与否，但是系统本身并不知道正确答案。监督型学习需要确立一条原则，衡量目标结果。无论积极与否，这种衡量标准会在模型中传播，提高模型完成任务的概率。例如，通过电商网页进行网络购物，目标是让消费者下单。首先，我们会获取消费者的信息，确认其是否注册过，或是匿名浏览（若是匿名浏览，"精准定位"可用的信息较少）。例如，客户信息由多个（甚至几百个）变量组成，例如年龄、性别、住址、家庭成员、社会经济地位等；这些变量放在各类信息箱当中，共同构成所有的顾客信息。例如，年龄箱是按年龄组区分的所有顾客的年龄分布（顾客的年龄是32岁），这对应的是第四个30至33岁区间的年龄箱。

另外一种类型的学习是"无监督学习"，它为人工智能开辟无限前景。这是我们从自然中发现的学习方式。知识是学习和实践的结合。实践是学习背后的驱动力。无监督学习让人类和动物明白如何在各自的环境中进化、适应及生存。与有监督学习不同的是，无监督学习的算法并不知道要处理什么数据。可以说，无监督学习遵循"不可知论"，主张"自主学习"。无监督学习将相似的信息聚类。

在有监督学习中，我们已经知道了预期结果。但是，在无监督学习中，我们并不知道信息中的要素，通过数据"隐藏"的另一面，无监督学习算法也许会揭示某些我们意想不到的东西。

第三节 艺术、科技与城市

一、艺术作品方面

艺术和技术的关系向来模糊，艺术世界对新技术也始终后知后觉。一些批评家坚持认为计算机艺术根本就不是"艺术"，但是，自原始人第一次在洞穴的墙壁上画上标记开始，艺术家们就一直在突破"什么是艺术，什么不是艺术"的界限。随着新型软硬件的出现，无论是艺术家、设计师还是其他热衷创新的人士，都在各显神通，利用新技术来创作前所未有的作品。本部分内容正是有关人们利用 VR 在艺术世界开展的各种尝试，其中既包括艺术的创作，又包括艺术的欣赏。

VR 推动的不仅是全新的艺术创作形式，还有全新的艺术欣赏途径。此处指的不仅是用 VR 创作的艺术作品，还有很多传统的艺术形式，包括雕塑、绘画、建筑、工业设计等。绘图工具 Tilt Brush 在本质上与谷歌 Blocks 3D 建模工具不一样，它是一种绘图和着色的程序。另外，与大多数绘图程序只能画二维图形不同，Tilt Brush 可以绘制拥有长、宽、高 3 个维度的作品。

听起来很简单对不对？但简单正是 Tilt Brush 成功的秘密。Tilt Brush 很直观，任何年龄的人，不管懂不懂艺术，都能马上上手，在 Tilt Brush 环境中画画，只需要一只手拿笔，另一只手拿调色板即可，与在真实环境中画画一样，画 3D 图形也是，笔法大开大合。但是简单的界面掩盖不了 Tilt Brush 创作优秀艺术作品的能力，用户不仅能与其他人分享自己的作品，还能让他们看到作品是怎样一笔一笔画出来的，整个过程宛如现场直播。通过分解的笔法，其他人也可以看懂作者的绘画技巧，在自己的作品中加以运用。Tilt Brush 还可以导入和编辑其他人的作品，甚至推倒重来，对当今的混成式文化来说堪称完美。

如图 4-3-1 所示，用多幅图展示了 Tilt Brush 用户丁科（Ke Ding）重新创作的梵高的作品《星夜》。

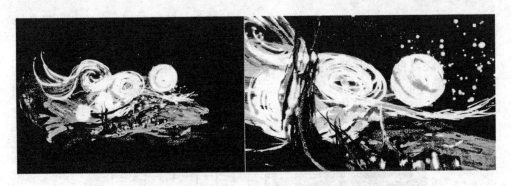

图 4-3-1　利用 Tilt Brush 重新创作的《星夜》

人们在 VR 中欣赏这件艺术作品的时候，不仅可以四处打量，还可以从中间穿过去。想象一下如果梵高这样的画家拥有 VR 技术，那么又会创作怎样的一页篇章。

Tilt Brush 未来在艺术领域的地位仍不可知，但它已经证明，VR 技术不仅可以用来制作实用的东西，还可以用来创作艺术作品。谷歌公司已经与很多艺术家和创作人士达成合作，准备利用 Tilt Brush 推动其"家庭艺术家"（Artists in Residence）计划的发展，该计划的目的是改进 Tilt Brush，以更好地发掘这种全新艺术形式的潜力。包括英国皇家艺术学院（Royal Academy of Arts）在内的很多博物馆和艺术机构，都已经开启了以 VR 艺术为主题的展览，探索 Tilt Brush 以及其他 VR 工具会对目前和未来的艺术界产生什么样的影响。

在 VR 的帮助下，艺术家们终于能够创作出传统手段根本无法企及的作品，无论 Tilt Brush 的结局会怎样，很明显 VR 在艺术创作领域的步子才刚刚迈出。HTC Vive 和 Oculus Rift 也支持 Tilt Brush。即使没有 VR 头显，我们也可以在谷歌公司的 3D 素材共享平台上用 Tilt Brush 进行创作。

（一）名人作品展

皮埃尔·查里奥（Pierre Chareau）是二十世纪上半叶法国的一名建筑师和设计师，以擅长复杂、模块化的家具和家装设计闻名于世。他的设计风格新颖、简约，还可以拆装，吸引了很多注重款式和功能的顾客。他最著名的一件作品是放在巴黎的 Maison de Verre（意思是"玻璃屋"）。为了展出皮埃尔·查里奥（Pierre Chareau）的作品，纽约犹太人博物馆想了一种办法，不仅可以把他的实物艺术品

（如家具、灯具、绘画和室内装饰）放在一起展出，还能利用 VR 技术将观众带到一个他们不可能到的地方——玻璃屋里面去。

如图 4-3-2 所示，是纽约犹太人博物馆皮埃尔·查里奥（Pierre Chareau）作品展网站上呈现的虚拟玻璃屋。

图 4-3-2　纽约犹太人博物馆用 VR 技术呈现的玻璃屋

这次展出是纽约的 Diller Scofidio+Renfro 公司（简称"DS+R"）设计的。该作品展使观众有机会欣赏皮埃尔·查里奥（Pierre Chareau）的设计作品（有些家具可能刚刚才在展厅看过）在玻璃屋中呈现的状态，刚好契合了皮埃尔·查里奥（Pierre Chareau）的设计初衷。鉴于根本不可能把玻璃屋本身运到纽约来，因此，这可能是最能让观众感到身临其境的展出方式。

随后博物馆在网站上扩大了 VR 技术的应用范围，供网民在线游览。尽管展出已经结束很长一段时间了，但来自世界各地的观众依然可以访问博物馆的网站，通过 360° 的静态照片欣赏之前曾经在浏览器中呈现的部分内容。亲自到纽约犹太人博物馆官网去看看吧。

皮埃尔·查里奥（Pierre Chareau）作品展是艺术博物馆行业改变既有展出模式的初步尝试。随着 VR 技术的兴起，像博物馆这种需要人们上门参观的机构，也在想方设法增加自己的特色，吸引更多的观众。在 VR 的世界里，人们可以见到恐怕一辈子都没机会目睹的宝贝，博物馆也可以向观众呈现更加丰富的内容。让我们来想象一下这几个场景：拜访莫奈在《睡莲》（Water Lilies）里画的池塘；用前所未有的 VR 视角欣赏闻名世界的雕塑和建筑。

（二）谷歌文化与艺术 VR 版

人们可以用谷歌文化与艺术 VR 版（Google Arts & Culture VR）欣赏世界各大博物馆珍藏的艺术品。与普通博物馆一样，这款应用会根据不同的艺术家群体或时代分门别类。比如，在爱德华·霍普（Edward Hopper）展区，既有其前辈和导师（如威廉·梅里特·切斯（William Merit Chase））的画作，又有同行（如乔治娅·奥·古弗（Georgia O'Keefe））的作品。

从"早期亚洲艺术家"门类到"当代艺术家"门类，从马奈到凡·高，这款应用可以让我们探索每一个艺术时代和每一件艺术作品。每一件作品都配有语音简介和文字说明，也都可以放大，让用户慢慢欣赏作者的笔法，这在以前根本不可想象。谷歌文化与艺术 VR 版（Google Arts & Culture VR）目前仅支持谷歌 VR 平台（Daydream），所以不能像在房间模式的 VR 应用中那样可以走来走去。而且在 VR 中加入 3D 艺术品（雕塑、瓷器等）需要增加另一个维度（此处不是双关语）。目前，还没有哪种方法可以完美地实现 3D 物体的数字化。这款应用虽然还有缺点，但它是谷歌对艺术欣赏新形式的探索，未来可期。利用谷歌文化与艺术 VR 版（Google Arts & Culture VR），用户可以从现实生活中绝无可能的角度探究这些作品。也许在不久的将来，凡是不允许用户接触的展品恐怕都会被 VR 所取代。巴尔的摩内城区学校里的孩子们可以边上学边游览卢浮宫的画廊，而中西部地区的老年人不用坐飞机就可以参观纽约大都会博物馆。谷歌文化与艺术 VR 版（Google Arts & Culture VR）可在谷歌 VR 平台（Google Daydream）上运行。

二、科技与城市

在数字科技与实体科技加持下，未来的城市具有两大特点，即"艺术+科技"。在未来的城市中，艺术的存在并非绘画、雕塑等为装饰功能，而是城市公共艺术的形态出现，是居民生活方式巨大的艺术化的改造，是交互媒介系统下虚拟影像呈现出来的艺术城市的存在。在这种背景下，我们可以把艺术配置中的交互性看作是一种"萃取样品"。换句话说，媒体交互系统描述了现代社会的特征，虽然艺术配置的交互性只是代表媒体交互系统的一个部分，但它仍然在很多方面利用了媒体交互系统。它是作为一个交互分析模式、交互临界模式或交互解构模式而存在的。总的来说，正如交互性是媒体艺术的一个基本特征一样，艺术配置的交互性也是电子媒体和信息社会的一个基本特征。因此，交互性的美学观点也完全和当代行为学有着密切的联系。之所以研究艺术配置的交互性的一个原因是：它可以作为一个提取交互美学体验的理想基础，让我们探寻那些在日常生活中的一些领域所产生的现象。

此外，我们很难在艺术策划和"普通的"美学体验之间划清界限，特别是依赖于技术的媒体艺术。由于科技在我们的日常生活中变得越来越普及，媒体艺术经常和商业交互、社会交互、政治交互、技术交互交织在一起，让人捉摸不透。不管是从一个批判还是肯定的角度来说，媒体艺术不需要作为一种艺术策略去有意识地打破界限，而是应该作为日常文化领域交互过程中的内容构成而存在。

在谈论艺术、技术和社会之间的关系时，关于媒体艺术的言论自其发展初期到现在就一直饱受质疑。这些质疑包括：艺术创造和创新研究之间的界限是否模糊？媒体艺术是艺术家和工程师之间的一种合作模式吗？或它在"艺术研究"或"创新产业"中的位置是怎样的？相反，斯蒂芬·威尔森（Stephen Wilson）却指出人们不能把科学和技术研究只当成是有目的性的活动，而是一种"文化的创新和说明"。因为其富有想象力的延伸以及学科和实用目的，科技研究也可以像艺术一样用来鉴赏。在制度层面上，艺术应用和商业应用的发展行径大致相似。比如在奥地利电子艺术中心为 CAVE 装置配备的应用；在麻省理工媒体实验室的艺术项目以及 LABoral 艺术和工业创造中心（西班牙希洪）的理念。

艺术、技术和社会之间的交集已经变得越来越庞大。麦恩·柯尤革（Myron Krueger）相信他的系统如果被运用在学校、身体和认知复原上，其潜力是巨大的。他和大卫·洛克比（David Rokeby）曾写过关于残疾参与者的作品体验报告。在 2010 年，被称为可以"提高残疾人生活质量"的交互艺术作品《冬盲计划》（Eye-Winter Project）在电子艺术的"交互艺术"一类中获得大奖。除了展示复原装置，策展人和科学家们还着重强调了使用数字仿真实现学习和设计目的的种种可能性。英国作家安东尼·邓恩（Anthony Dunne）和菲娜·拉比（Fiona Raby）很注重对商业产品和商业系统的批判反思。他们把自己的作品称为"黑色设计"。邓恩说，电子产品设计师的本职是为那些难以理解的技术设计一个明了的符号界面，让设备的使用变得简单易懂。法国哲学家、城市规划学家、建筑家保罗·维希留（Paul Virilio）把交互式用户友好行为看作是人类奴役所谓智能机器的一个隐喻，因为人类无条件地接受智能机器的功能，对此类机器需求甚多。因此，邓恩将"黑色设计"定义为是可以揭露人与机器之间的巨大差异，强调两者不兼容特性的。邓恩和拉比曾组装过汽车收音机，不同于接收当地无线电台信号的收音机，这个汽车收音机可以一边在汽车行驶时一边接收无线网络，包括婴儿对讲机。他们也制作过《法拉第椅》，这种椅子可以保护车主不受电磁辐射的伤害。《治疗目标》也是他们的系列作品，它们会对电磁场做出反应或者是屏蔽。但其实，这系列作品是用来调查人们对技术的恐惧和认知缺乏。这些交互艺术的设计早已超脱艺术美学的范畴。

艺术和娱乐产业之间的重叠在亚洲文化尤其明显。因此，由草原真知子（Machiko Kusahara）在东京早稻田大学领导的研究团队曾提出了"装置艺术"的概念。装置艺术是指将某种媒体艺术形式的概念用一个装置呈现给观众。这个术语是用以质疑那些认为艺术、娱乐和技术之间应该划清界限的观点。这种划分在日本并不常见，草原真知子说许多当代艺术家也有意识地拒绝接受这样一种"西方的界定"。为商业营销设计的作品必须具备"优良品质"（鉴于博物馆的参观者也喜欢琢磨那些粗糙或者非常消极的艺术项目），于是他们就关于"是什么让艺术家们商品化的作品这么招人嫌"设立为研究目标，从而吸引更多用户。

新媒介——包括新媒介艺术在内——的主要任务是对信息社会发挥新的影响。其主要方式是以网络文化的重要构成部分对社会施以情境化的影响，完善具体的信息传递与沟通的社交模型，成为"关键干预方式"。例如，LED throwiesD，这个信息平台保密性高、安全性强，就连非常沉默寡言的人都积极参加公共活动，通过（交互）直观地揭露社会和政治状况。尽管宏观层面看，交互系统中的所有参与者被认为是作品的合作作者，但是这些作品是真正地想要激发参与者去进行社会、政治或与之相关的活动，这难免会导致对传统意义上"作者"角色的解构。这个研究并不是探寻交互作品应该如何与艺术背景、技术背景或者社会背景相适应。但是，就像上述提到的一样，媒体配置不仅会模糊艺术、技术和社会之间的界限（或者至少会改变它们原有的界限），还会成为一种艺术手段，实现美学体验。界限领域必须从艺术系统的角度看待，必须在特定的艺术背景里操作，不能只局限于这本书。而且，无论是关于交互中的身体角色、艺术配置交互性和数字游戏结构之间的关系或是重要性和意义之间的关系，这里所确定的媒体交互美学体验的基本方面也和这些活动范围相关。这本书也可以说是为提倡"分布式美学"的互联网批评做了一个贡献，为我们在数字网络中的行为所导致的美学过程的变革提供了解决方案。

三、新媒介艺术与城市公共空间

昂贝托·艾柯（Umber Eco）是第一位研究艺术作品创作中受众的积极作用的艺术理论家。在其颇具智慧的《开放的作品》一书中，他仔细观察了那些文学、音乐和美术作品，发现它们在艺术创作中分别给予了读者、听众和观众以更多的自由。他将受众施加的影响大小分为三个层次。根据他的理论，第一层次上，所有的艺术品都要"实际上对一切可能的受众公开"，而每一次的解读都会因为受众的个人品位、角度和接受类型的差异而会对作品赋予新的意义。

此外，从受众角度出发，艾柯把这种主观接受行为定义为在理论上或精神上的合作，"前提是受众能够自由地诠释艺术作品"。不过，他把这些作品和其余的区分开来，因为那些作品尽管具有组织上的完整性，其实"只对有着内在相关性的受众'开放'，从其各自的真实理解和个人处境中揭示出不同的意涵"。从而将作者如何有意识地激发受众诠释作品视为重要标准。艾柯认为，时下受众参与度之高，不仅体现在公开的艺术作品中，而且体现在"待完成的作品"上，甚至说每一个作品，包括传统的和先锋的，都是"待完成的作品"，因为都等待受众的解读。尤其是新媒介作品，以"吸引受众参与到作者的创作过程中"为其突出特点。更有甚者，他把这种作品更清晰地描绘成"典型地由随机的、非既定的结构单位组成的"艺术品。举例来说，音乐作品是由听众参与组织和构造的，"听众与作曲家合作进行作曲"。尽管艾柯主要是以音乐作品为例来定义这两类艺术作品的不同，他的定义里仍然清晰地包含了视觉艺术作品。但是，他所列举的作品仅限于运动的艺术品，例如亚历山大·卡德（Alexander Calder）的活动雕塑。换言之，他的例子只包含了那些有可活动的机械装置的艺术品。

对于开放的、待完成的作品，艾柯还探讨了这些美学观念对于艺术品潜在的可阐释性会产生怎样的后果。借用信息理论，艾柯对意义和信息做出划分，他把信息定义为"未经核实的所有可能的含义"，即作品的结构越简单，信息的安排就越清晰，其传达的含义就越明确；作品的结构越复杂，信息的容量越大，其传达的潜在含义就丰富。艾柯认为，由于艺术往往寻求以新方式来组织材料，这就为受众提供了大量的信息。然而，材料要具有一定的组织性，否则受众就会面临"各种各样同等概率的情况"，也就是说，最有效的信息会和完全无效的信息一齐传达给受众，而因为超过了需求限制使得过量的信息沦为噪声。艾柯把它视为艺术品的开放性和既定性之间的关系。这个挑战都涉及许多交互式艺术批评家屡次抨击的一个论题：如何在既避免随机性，又不触及作者对作品的有效控制的条件下为受众提供发生美学行为的机会？也许新媒介作品可以被收藏，就像白南准的电视机装置作品被标价拍卖一样，但新媒介艺术作品更大的意义在于其公共性和开放性，是一种公共的、具有无限可阐释可能性的艺术作品。它从策划到制作就都是公共的，如今，不仅是在公共空间中展示，更重要的是需要参与者在公共空间中公开体验。当今，公共空间具有一些时代特征，公共空间更多的是购物区域、公共交通区域以及公共传媒。公共空间本身早已从仅仅提供一个艺术展示的场所向本身就具有诸多审美特性本身过渡。今天的公共空间在艺术正式登陆以前，早已审美化了，这是日常生活审美化的集中表现。

所有与公共空间有关联的场合、物件都被精心设计过；商业元素也都必须展示出一种美学情调，用以提高自身的格调与价值。艺术在庸俗的实用主义层面传播是这个时代的特征，以往任何历史阶段都无法与之相比。但在艺术被大范围传播的同时，每个人都口口声声论及艺术与美的同时，严肃地思考美学与艺术却呈现出严重缺乏状态，比任何历史阶段都缺乏。公共空间中每一个物件都必须体现设计感，甚至刻意到东施效颦的程度。但这些在公共空间的任何一位介入者、参与人看来似乎都是天经地义的。

公共空间本身几乎成了艺术作品，再放入艺术展示品就显得有点多余。尤其是当大屏幕成为公共空间配置的标准之后，任何图形化的装饰与动态的美丽都可以从大屏幕的数字影像中得到满足，而且效率极高，各种适合室内的艺术风格及代表作品可以在极短时间内"悬挂"到合适位置；广告美学拔地而起，平衡了商业属性与美学属性后的广告作品甚至挤进艺术的行列中。因此，艺术化的公共空间已经没有太多必要用艺术作品本身来装点了，这个意味着美的艺术品最初的公共功能被弃用了。波德里亚甚至断言"我们这个现实世界已经抹杀了真实与想象之间的矛盾，现实世界进入了超现实"。美的艺术显得已经过剩。这就是这个时代的现实，为美而生的艺术作品，事实上已经很难引起美的眼球的关注，对艺术品的评判，装饰性逐渐攀上了头把交椅。

这个现实无法否认，抗拒它亦无法获得有效成果。在新媒介艺术逐渐成为艺术创作领域主要方法的这个过程里，新媒介艺术与美的创造之间的关系已经非常明确。这并不等于艺术的终结，而是像艺术史上的其他任何阶段，艺术被悄悄地赋予了另外一种任务。在公共空间内，新媒介艺术不再以实施美化作用的艺术形态出现，新媒介艺术作品本身占据一定的空间，要求一种有限的封闭，它提供一个人口实现"爱丽丝漫游"；或者它用神秘的参与方式，提供一个重新思考的契机，是哲学的中断。

新媒介艺术作品也需要形象，需要对科技富有想象力的符号化展现，需要参与者心灵的体验，但作品或者项目形态本身很难维持惯常理解层面的美，或者说美化元素。也许吱吱呀呀的机械手臂与植物青藤黑土之间"类生命智能"的联系一点也不"好看"，还需要参与者对着吹气才能发现植物移植过来的"铁甲钢拳"

的挥舞，这个过程没有唯美的形象，没有悦耳的声响，有的只是参与者困惑的声音和没能实现所谓审美之后的懊恼情绪。类似这样的人工生命作品为公共空间带来的东西是对所谓审美的中断，是日常生活审美化的有效干预。

而这些，恰恰是新媒介艺术共有的美学任务。它们同样依赖参与者的直觉，提供一种崭新的或者反思过的经验，参与者与这个经验之间通过某种最新的科技手段形成的"界面"交互之后，经验本身增长的同时也得以传播。这就是新媒介艺术的美学价值（而绝非美化价值）。

甚至可以说，反思新媒介艺术与公共空间的关系，最终会认识到任何一个在美学上有所作为的新媒介艺术作品都可能是以抗拒者的姿态进入公共空间中，甚至给人刺痛、令人不解甚至懊恼。这种进入不仅具有政治学、社会学含义，同样对艺术界及艺术传统具有极大的冲击，2011 年在成都音乐公园举行的艺术双年展中，韩国艺术家创作的新媒介艺术作品《数码溪山行旅图》就用极细腻的方式介入中国画传统，显示出了与公共空间，尤其是架上绘画展示的传统方式的不协调特征。新媒介艺术作品已经具备了当代艺术拒斥美化的特点，它们不再富丽堂皇，不再细腻描摹，不再恣意挥洒，不再激情澎湃，反而是或锋芒毕现，或彪悍尖锐，或令人抵触。但这种看起来的离经叛道并未为所欲为大开绿灯，而是新媒介艺术的美学范式所允许、所致力的范畴，它应该也必须符合美学范式之最低要求。

新媒介艺术的美学范式所具有的理性特征，不排斥囊括其中的具有问题性的作品。这个前提是，把新媒介艺术的作品认为是有别于任何自然景观与传统艺术作品，乃是一种完成的反思行动。无论如何，新媒介艺术的美学范式的理性特征，不会是对总体的艺术界增加砝码或锦上添花，而更多是循着边缘的艺术行为和问题性的一种"拯救"或"捍卫"，因此需要新媒介艺术在符号化使用科技手段时，注重艺术语言的转述方式，注重不同于以往的形象的塑造，用"新感性"为手段，以"理性"为目标。

第四节　休闲娱乐

最近一份有关未来五年内娱乐和媒体行业前景的报告指出，这个行业的增长很可能跟不上 GDP 的增长。这家全球头号会计师事务所还特别指出，到 2021 年，电视和电影等传统媒体在全球经济中所占的比例可能出现增长乏力的情况。娱乐业的下一个增长点很可能来自 VR 等新兴技术，但这波浪潮来得有多快，应该如何利用，才是真正的问题。例如，有些 App 可以让我们在家中舒舒服服地参加外面的活动，而有些则是让我们前往从前根本不敢想象的地方。

VR 介入娱乐领域面临的首要问题是这个市场能以多快的速度成熟起来。VR 作品的竞争力离不开高质量的内容，同时还要让创作者赚到钱，但是 VR 市场仍未成熟，内容的创作者们仍在探索可行的赢利模式。

一、VR、AR 眼镜

智能眼镜还有两种常见的类型，就是 VR 虚拟现实眼镜和 AR 增强现实眼镜，其特点都是建立在虚拟与仿真技术基础上带给人们的视觉体验。近年来，VR 眼镜在游戏、影视、娱乐等消费级应用上大放异彩，AR 眼镜则更多是在工业级和商业级的场景中广泛应用。

虚拟现实技术与增强现实技术的产生，实现了现实世界与虚拟世界相互连接、相互融合的梦想。目前，由于技术和硬件的限制，虚拟现实设备在很多领域的应用价值还没有得到充分发挥，其市场前景广阔。

（一）VR 眼镜

VR 是 Virtual Reality 的缩写，是虚拟现实的意思。2016 年被视为 VR 元年，整个行业迎来了井喷式集中爆发。我国虚拟现实市场规模近年来持续扩大，据虚拟现实产业联盟统计，2017 年我国虚拟现实产业市场规模已经达到 160 亿元，同比增长 164%。

VR 智能眼镜是一种头戴式虚拟现实显示设备，与传统意义上的眼镜相比，这种设备相对体积较大、较重，因此也被称为 VR 头显、VR 眼罩。VR 智能眼镜是综合利用计算机图形技术、仿真技术、多媒体技术、体感技术、人体工程学技术等多种技术集成的智能穿戴产品，用户在佩戴之后，视觉、听觉上处于一个独立封闭的虚拟三维环境，能够产生身临其境的沉浸感觉。

VR 智能眼镜在游戏领域如鱼得水，无论是角色扮演、动作射击、模拟驾驶、冒险挑战等单人游戏，还是联机对战、体育竞技等多人游戏，其逼真性、交互性和沉浸感相较于传统的二维游戏和三维游戏，实现了质的飞跃。

例如，华为公司推出的 VR 智能穿戴设备 HUAWEI VR Glass，从外形上看，小巧、轻薄、时尚，酷似普通墨镜。HUAWEI VR Glass 的镜腿可折叠，扬声器在镜腿处，播放 360° 立体声。支持手机和电脑两种连接模式，方便用户与其他产品互联，同时兼顾 VR 游戏与 VR 观影。HUAWEI VR Glass 还可以配合华为手机和智能手表，把运动数据直接投到 VR 视野里，方便用户及时了解自己的运动情况。

随着 VR 技术的不断成熟，除了 VR 游戏，VR 家居、VR 看房、VR 购物、VR 影视、VR 教育等领域也发展迅速。例如，一些房地产商已经采用"VR 全景看房"，购房人只要戴上一副 VR 眼镜，就能够全览所有的样板房。VR 购物在国内也很火热，相比传统线上购物，VR 购物能够带来实体店般的"真实购物"体验，不仅能立体展示商品形态，顾客还可以虚拟试衣。在影视游戏领域，VR 为用户提供了完全沉浸式的观看体验。在教育领域，VR 课堂提供了传统课堂无法实现的沉浸式学习体验，有利于激发学生的学习兴趣和积极性、主动性。

（二）AR 眼镜

AR 是 Augmented Reality 的缩写，是增强现实的意思。与 VR 虚拟现实眼镜带来的完全封闭的沉浸式体验不同，AR 增强现实眼镜是一个连接现实世界与虚拟世界的可移动智能设备。使用者在佩戴 AR 眼镜后，其视线与现实世界没有完全隔离，眼中看到的是现实世界与虚拟内容的叠加，因此不会影响使用者的正常视线和自由移动，实现了超越现实的感官体验。目前，AR 技术主要应用于建筑模拟、远程指导、教育、广告、旅游、医疗、零售、娱乐和军事等领域，为推动行业发展带来新的活力。

在运动领域，AR 眼镜是跑步、骑行等运动爱好者的辅助工具。AR 智能眼镜在骑行、跑步及各种户外极限运动中，为用户提供运动数据近眼显示、运动摄像和直播、语音导航、接打电话、语音搜索联系人等功能。一般来说，AR 智能眼镜的显示模块与电池分别位于眼镜两侧，方便拆装，用户可以在智能眼镜与普通运动眼镜之间进行模式切换。用户使用时，在智能手机上安装专属 App，通过蓝牙连接智能手机，管理智能眼镜、同步照片视频、搜索导航目的地、发表个人动态信息、自动生成行程记录，增加运动的专业性和乐趣。

AR 是一种创新的视觉交互方式，也给导航带来新的思路，国内外一些车企和科技公司都在研发自己的 AR 导航设备或 AR 眼镜。在实时导航中，AR 眼镜可以将导航指引信息在显示场景中叠加显示，使人们能够以最直观的方式读取导航信息，有效降低了用户对于传统电子地图的读图成本。驾驶员除了在开车时看到导航数据、行驶速度等信息，通过 AR 眼镜还能看到被车身遮挡的障碍物、行人和其他机动车。此外，AR 眼镜导航还能够对过往车辆、行人、车道线、红绿灯位置，以及颜色、限速牌等周边环境，进行智能图像识别，从而为驾驶员提供跟车距离预警、压线预警、红绿灯监测与提醒、超车变道提醒等安全辅助提醒，为用户带来比传统地图导航更加精细、更加安全的驾驶服务体验。

在工业领域，AR 眼镜可以参与远程指导、可视化装配、操作培训、数据采集等多个生产环节，这项技术可以用来解决工业生产棘手的问题。

在旅游行业，AR 眼镜可以用于旅游导览，用户可以在旅游景点看到现实环境与虚拟图像的重合，让旅游更加丰富多彩、方便省事。游客佩戴上 AR 眼镜，就能获取当地城市的景点和商场等地方的详细介绍，自动翻译，了解购物和餐饮信息。运用 AR 增强现实技术，让游客与景区实现实时互动，让景区信息更方便获取、游程安排更个性化，游客可以随时随地进行导航定位、信息浏览、旅游规划、在线预订等，提高了旅游的自主性、舒适度。

在博物馆中，AR 眼镜可以呈现展品的视觉信息，并提供相应解说，栩栩如生地再现古生物、文物 3D 复原等。有时人们在参观博物馆时，由于展品文字描述晦涩难懂，加之参观者对相关历史文化背景了解甚少，很难单凭文字或讲解真正理解其中的价值。随着人工智能的兴起，AR 眼镜可以辅助解读历史文物、再现历史场景，让观众"穿越"到历史文化场景之中，直观感受身处历史背景下的时代感。

二、娱乐行业

（一）英特尔的 True VR（Intel True VR）

体育赛事直播和 VR 之间的关系一向很纠葛。一方面，现场观赛天然具备社交性质，与 VR 的"孤独"本性相去甚远；另一方面，即便是假的，VR 也能给用户带来前所未有的"身临其境"感。

接下来提到的是英特尔的 True VR 技术。True VR 是英特尔的 VR 现场直播平台，配备了全景立体摄像机，能够从以往想不到的视角拍摄画面。英特尔在美国职业棒球大联盟（MLB，Major League Baseball）、美国职业橄榄球大联盟（NFL，National Football League）、美国职业篮球联赛（NBA，National Basketball Association）和奥运会赛事中都采用了这种技术。

True VR 让人们在虚拟世界中梦想成真，球场上方的任何位置都可以成为视角。在棒球比赛中人们可以待在本垒板的后面，本垒打结束之后，也可以跑到休息区近距离观察选手的反应。除此之外，英特尔还设计了一些大多数游客根本去不了的拍摄地点，如亚利桑那州大通球场（Chase Field）的游泳池和波士顿芬威球场（Fenway Park）的"绿怪"（Green Monster）。英特尔也给 True VR 系列 App 加上了深层次的功能，包括实时统计、分类视图、VR 评论、高亮显示等。总而言之，

True VR 不仅把现场完完全全地重现了出来，还增加了个性化元素和更多的功能。我们猜不到 VR 和现场直播之间关系的最终走向，而且 True VR 自身也在不断地演化，但是，有了这项技术，未来我们戴上头显欣赏体育比赛可能就像现在打开电视一样自然，也许效果还更令人满意。

（二）伦敦"摘星塔"

"摘星塔"又叫碎片大厦，是位于伦敦南华克区的一栋 95 层的摩天大楼，高达 1016 英尺（约 310 米），是英国最高的建筑。在大厦最高层的天桥上有两台特殊的 VR 观光娱乐设备，分别叫作"滑滑梯"（the Slide）和"迷魂机"（the Vertigo）。在"滑滑梯"中，游客被固定在一把会动的椅子上，然后从虚拟世界中的碎片大厦屋顶沿着滑梯一跃而下，观看从未目睹过的伦敦天际线。

如图 4-4-1 所示，展示用户在 VR 世界体验"滑滑梯"，一个可以 360° 调整的座椅给用户带来观看伦敦天际线的体验。

在"迷魂机"中，游客会穿越到碎片大厦建造的时期。在现实世界中，游客走在离地面几英寸（1 英寸 ≈2.54 厘米）的一块薄薄的平衡木上；但在 VR 世界里，他们是在建造碎片大厦时工人安装的钢梁上，身处 1000 英尺（约 304.8 米）的高空。像"滑滑梯"和"迷魂机"这种特殊地方的特殊应用，利用了 VR 技术吸引游客去感受他们在家里根本无法体验的东西。它们也常常用来解决 VR 体验的孤独感问题，所以我们才会经常看到一群人围在玩"滑滑梯"的人旁边，边笑边讨论他们的反应。博物馆和旅游景区之类的地方常常利用这种技术给游客带来更深入、更吸引人的体验。

图 4-4-1　用户体验从英国碎片大厦高速滑下

三、游戏行业

VR 与游戏行业显然是天生一对，游戏玩家往往是相当精通技术的群体，所以游戏行业是最早认识到 VR 的潜力并推动其发展的行业之一。从《大陆尽头》（Land's End）等简单的益智游戏，到《生化危机 7》（Resident Evil7）等恐怖游戏，再到《超级火爆》（Super Hot）或《机械重装》（Robo Recall）等激情的射击游戏，精彩绝伦的 VR 游戏真是数不胜数。人们不需要花太多的时间就能搜索到很好的 VR 游戏。

在某种程度上可能是由于游戏行业"很早就采用"了 VR 技术，VR 在游戏市场上最大的问题是 VR 的爆红到底能不能满足游戏消费者的期望。玩家对 VR 技术的接纳其实早在 2012 年傲库路思 DK1 启动器（Oculus DK1 Kickstarter）发布的时候就已经开始了。只不过从那时到现在，虽然 VR 技术取得了巨大进步，但还没达到全面占领大众消费市场的水平，这个行业中有些人已经开始失去耐心，不知道 VR 什么时候才能实现突破。

（一）VR 游戏

视频游戏平台（Rec Room）常常被叫作"VR 版的无线体育（Wi Sports）"，这个称号可是来之不易。无线体育（Wi Sports）被广泛认为是任天堂 Wi 系统最好的游戏之一，深受玩家的欢迎。这款游戏不仅没有花哨的画面，甚至连真实的故事情节都没有，可它就是做到了这一点，依靠的正是两个字——有趣，而且用户可以从中学会使用新的运动控制器。在这方面，Rec Room 与 Wi Sports 可以相提并论。Rec Room 有一系列简单的迷你游戏，如彩弹、躲避球、字谜和其他冒险游戏，玩家可以从中掌握 VR 的基本控制方法。每个迷你游戏的控制都很简单，大都玩起来很轻松，但是它们足够有趣，让玩家可以几小时不罢手。

Rec Room 的亮点是玩家之间可以相互交朋友，它的空间很大、很开放，玩家可以一起聊天，一起玩飞盘飞镖，不一而足。而且使用麦克风语音聊天很方便，玩家也可以进入各个游戏室参加派对。另外，还有一些其他特色（如任务模式、私人房间等），但都属于社交范畴。

如图 4-4-2 所示，是多人游戏 Rec Room 的屏幕截图，其中有很多迷你游戏可以真人对战，如彩弹、激光枪战和板球。正是"简单"成就了 Rec Room 的卓越，VR 游戏的开发者都应该认识到这一点，其实一款游戏既不需要有多炫，又不需要复杂的故事情节，一样能收获成功。《反重力》（Against Gravity）是 Rec Room

里面的一款小游戏，其开发人员费了很大工夫研究多人 VR 游戏究竟因为什么让人觉得好玩，终于明白如何把游戏创意变成数小时不间断的愉快体验。

图 4-4-2　多人游戏 Rec Room 屏幕截图

（二）VR 游乐场

有些人喜欢舒舒服服地待在家里用 VR 设备到处转悠，而有些人喜欢的正相反。美国有很多购物中心现在正流行 VR 游乐场，VR 游乐场和主题公园在日本遍地开花，中国也在贵阳建了一个大型 VR 主题公园——东方科幻谷。另外一个例子是东京的日本街机游戏品牌（Adores VR）乐园，它在 2016 年 12 月开始试营业，人太多的时候，经营方甚至不得不限制游客人数。游乐场巧妙地把各种技术结合在一起，提升游客的 VR 体验。例如，"飞行魔毯"的玩家站在一个能对自己的动作做出同步反应的平台上，那种感觉真的就像在飞。有趣的是，VR 技术并不仅仅是由 HTC 与 Valve 联合开发的 VR 头戴式显示器和三星 Gear 这种让人购买后在家里用的设备。

游乐场的成功之处在于把本来是一个人玩的 VR 变成了社交活动：有些游戏是多人玩的，但多数游戏是邀请朋友在大屏幕上看自己与怪物或机器人战斗。Adores VR 乐园把一个人玩的游戏变成了社交。同样在东京，万代（Bandai）和南梦宫（Namco）这两家游戏厂商联手打造了名为"VR 特区"（VR Zone）的一家VR 游乐场，有多种 VR 游戏，而且大多是多人游戏，有专门的设备增强用户的VR 体验。例如，极受欢迎的"马里奥赛车 VR"（Mario Kart VR）就配有真正的卡丁车，在赛道中能转能动，非常逼真。它与日本街机游戏品牌（Adores）一样，用的也是由 HTC 与 Valve 联合开发的 VR 头戴式显示器。

126

　　事实证明，VR 游乐场确实燃起了公众对 VR 的兴趣。对一些消费者来说，高端头显实在是太贵了，所以人们才竞相到游乐场体验 VR，这也说明公众确实对 VR 很感兴趣，有很多大公司正在其中寻找商机。这个行业还在探索家用 VR 的合适价位，而与此同时，VR 游乐场已经开始赚钱了。也许就算消费级 VR 头显得到普及，VR 游乐场依然能够保持生命力，因为它的社交性和互动体验在家中根本无法复制。

第五章　虚拟现实产品实践设计

在本章内容中，我们将主要探讨虚拟现实产品实践设计，本章主要对虚拟现实座椅 Aster、DEMO- 全息风扇投影、HandCV 智能跑步机、CLEANNER、手语翻译器五件虚拟现实产品设计作品进行分析。

第一节　虚拟现实座椅 –Aster 设计

作品名：虚拟现实座椅 Aster；作者：姜昊妍；指导教师：岳广鹏。

一、产品设计说明

Aster——本意是星球、宇宙，在这里我选用这个单词作为我所设计作品的名字，是选取虚拟现实游戏能够使玩家真实地感受到平时无法见到的景色，人未动，感官却能徜徉在幻想的宇宙中的含义。

该虚拟现实座椅的设计目的主要是为玩家提供一个更为沉浸式的游戏体验，因此主要功能设计都是为了实现座椅的全方位旋转，包括震动、音效和气流的加入，都会使得玩家在游戏过程中感受更为真实的 VR 游戏世界。

Aster 旨在实现 VR 沉浸式游戏体验的多角度变化，当玩家在进行游戏过程时，座椅将同时进行左右、前后四个方向的旋转。使玩家能够得到 360° 的游戏体验，感受更加真实的游戏世界。

二、产品设计草图

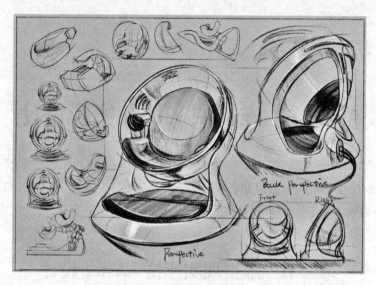

图 5-1-1　产品设计草图（一）

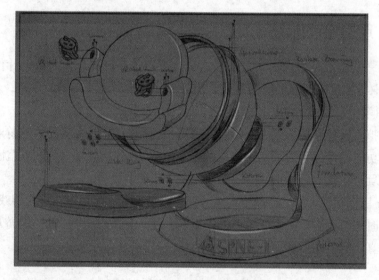

图 5-1-1　产品设计草图（二）

三、产品使用预想草图

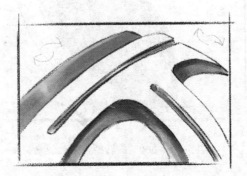

图 5-1-2 双向旋转结构

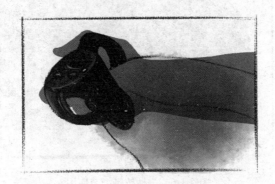

图 5-1-3 体感游戏手柄

图 5-1-4 两侧立体声环绕音响

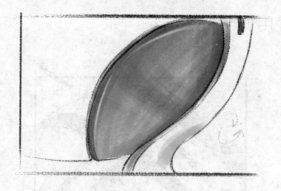

图 5-1-5　360°旋转椅背带动玩家

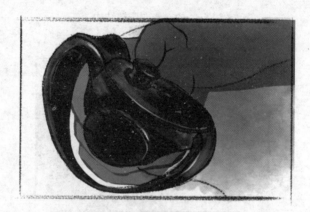

图 5-1-6　手柄按键细节使用

图 5-1-7　出风口根据游戏内容模拟真实风的流动

图 5-1-8 产品使用预想图

四、产品爆炸图

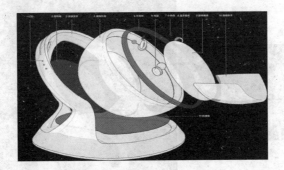

图 5-1-9 产品爆炸图

五、产品模型预想图

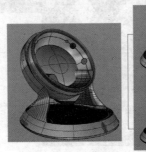

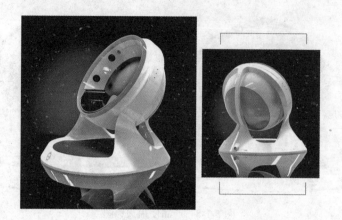

图 5-1-10　产品模型预想图

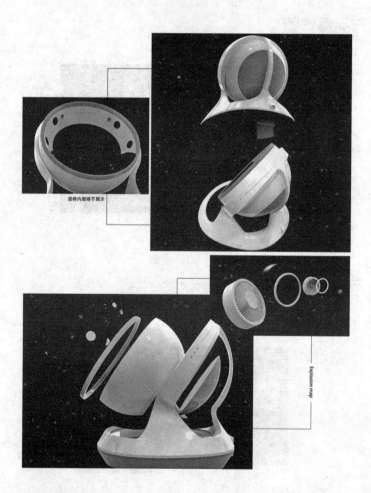

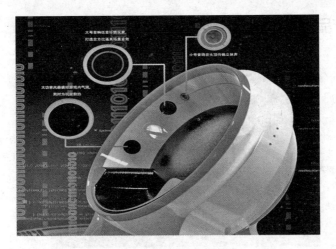

图 5-1-11 座椅内部细节展示

六、产品模型制作过程

图 5-1-12 产品模型制作过程

七、产品模型照片

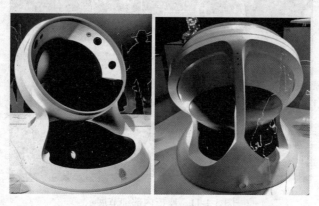

图 5-1-13　产品模型照片

八、产品技术支持

Aster 虚拟现实座椅的技术支持包括：IMAX 观影、在线直播、头盔鼠标、蓝牙遥控、目标位置、VR 按键、3D 游戏、高清成像、智能芯片、虚拟现实、支持TF 扩展卡、蓝牙 2.1G 系统。

第二节　DEMO– 全息风扇投影设计

作品名：DEMO- 全息风扇投影；作者：邱子格；指导教师：岳广鹏。

一、市场调研

（一）市场背景调研

全息投影技术最开始是应用于影视行业配合特效的制作，但是近年来，这类技术被应用于各种场合，譬如在博物馆可以展示展品的虚拟模型、虚拟偶像的演唱会、装置艺术、广告箱、商家产品展示。它出色的显示效果可以吸引顾客、让内容更加生动、使得画面悬浮造成独特的空间感。

与空调相比风扇更加直观，对于一些预算不高的人群，或者是不方便安装空调的空间，或者单纯从环保节省电力保护环境而言，风扇不应该是被淘汰的产物，但从技术上不能成为独当一面的行业大佬。所以经济适用，或者从体验感上着手，是风扇这一产品的独特魅力。

现在市面上的风扇，有很多种（图 5-2-1），从扇叶上可以分为无叶风扇与有叶风扇。无叶风扇是用空气压缩机涡轮叶片吸风产生压强，流速越快流体压强越小（伯努利原理）设计的。普通风扇使用的原理是马达带动的扇叶，切割空气，将扇叶表面的空气推动向前，而后方的空气根据气流压力，则会持续补充从而进行送风，这一点从风扇后方会有一股吸力就可以感知。

风扇的设计原理各有千秋，但最重要的关键部分在于扇叶，扇叶越大，受力面越广、风力越足；扇叶越多，风也越柔和，反之越少越硬；因为普通风扇切割风的时候，气流并不是稳定的。

图 5-2-1　现在市面上风扇种类

（二）文化背景调研

全息投影的缺陷在于技术尚不成熟，需要特定的观察角度和图形处理，同时需要四棱锥的布面去承载，而不是真正的空若无物地存在于环境中，但是也可以给我们新的交互体验（图 5-2-2）。

还有一种新的技术手段是采用视觉残留的效果，让旋转的透明风扇将静态的光变成动态的视觉效果，同时如果在相对较暗的情况下才能达到更好的效果。而且旋转的扇叶并不够安全，同时占地面积较大，呈现的效果也不够完美，对光线过于苛刻。

图 5-2-2　全息投影利用四棱锥的布面去承载图像

二、产品设计说明

原理：通过带有编号程序灯珠的扇叶旋转，造成视错觉从而使得人眼能够接收到图像信息。

在风扇吹风同时传达出一定视觉的信息，特殊的悬浮效果产生不一样的交互体验。

适合放置在客厅、商铺休息区、咖啡厅，进行氛围感的营造。

该产品结合了风扇和全息投影技术。在风扇的旋转过程中，通过风扇上编程好的 RGB 灯珠，可以将视频或者图片悬浮播放在空中，给用户不一样的视觉效果，与其他同类产品产生差异化。在开关风扇的操作上，采用手势操控。

三、产品设计草图

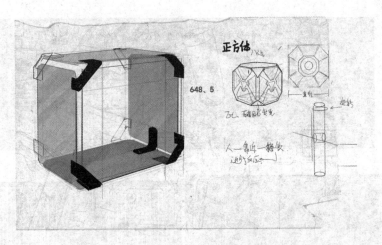

图 5-2-3　产品设计草图

四、产品三视图

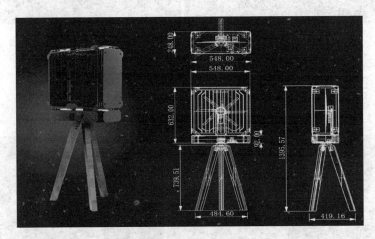

图 5-2-4　产品三视图

五、产品 CAD 六视图

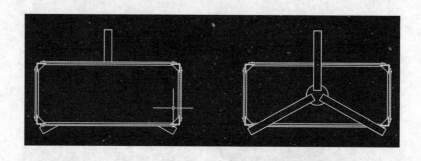

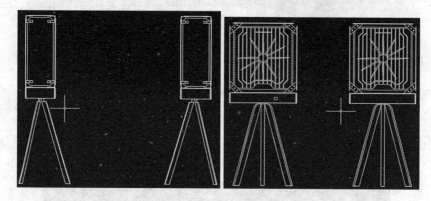

图 5-2-5　产品 CAD 六视图

六、产品建模预想图

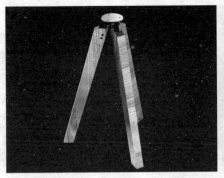

图 5-2-6 产品建模预想图

七、产品加工过程

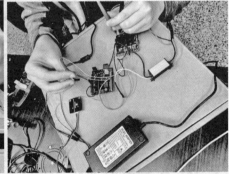

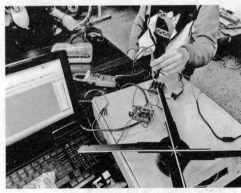

图 5-2-7　产品加工过程

八、产品展览现场

图 5-2-8　产品展览现场

第三节　HandCV 智能跑步机设计

作品名：HandCV 智能跑步机；作者：孙誉卿；指导教师：岳广鹏。

一、市场调研

"生命在于运动"，很多人都希望通过健身获得好身材，健身的重点不在于练，而在于持。众所周知，跑步的过程十分枯燥和无聊，长距离的跑步更是异常辛苦，常人没有足够的毅力，很难坚持下去。大部分人不易自始至终坚持下来，而 HandCV 智能跑步机能通过模拟不同环境来赋予健身乐趣。

二、产品设计说明

（一）智能投影

根据用户喜好模拟不同环境，如湿度、温度、风力甚至是气味，借助全息投影，大大增加了运动趣味（图 5-3-1）。

图 5-3-1　智能投影

（二）感受微风

用户与智能跑步机产生机械互动，借助风扇风力协同，减少运动的疲劳感（图5-3-2）。

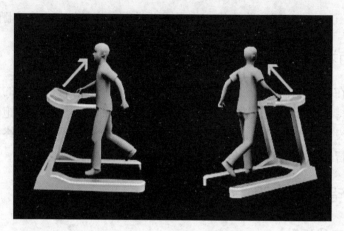

图 5-3-2　用户跑步时感受微风

（三）手势交互

用户可以在运动的同时直接进行手势交互操作，既方便又准确，满足移动交互需求（图5-3-3）。

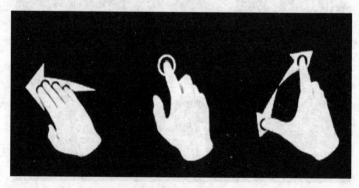

图 5-3-3　产品手势交互功能

三、产品设计草图

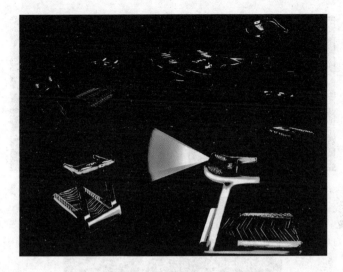

图 5-3-4　产品设计草图

四、产品效果图

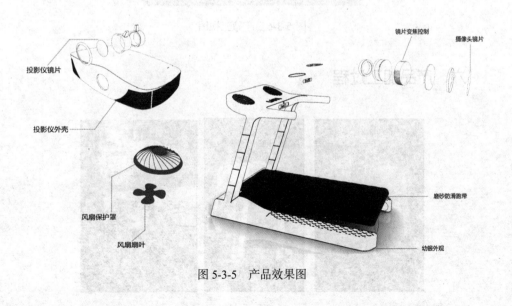

图 5-3-5　产品效果图

145

五、产品三视图

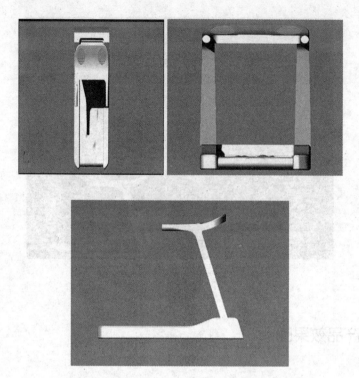

图 5-3-6　产品三视图

六、产品加工过程

图 5-3-7　产品加工过程

七、产品展览现场

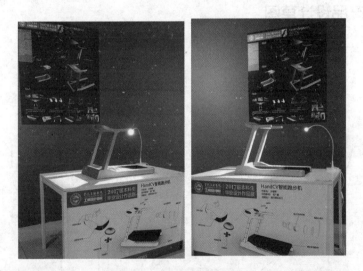

图 5-3-8　产品展览现场

第四节　CLEANNER 设计

作品名：CLEANNER；作者：王世祺；指导教师：岳广鹏。

147

一、产品设计说明

　　CLEANNER 设计理念为了解生命，拯救生命。CLEANNER 清洁无人机将替代传统擦窗机器人和高空作业吊人的擦窗方式。近几年来，高空擦窗作业工作者跌落事件频频发生，工作的危险程度可想而知。CLEANNER 的出现和工作方式将杜绝相关事件的发生。CLEANNER 无人机采用八轴螺旋桨的工作原理、可在空间内随意转动，因此内部框架外可连接六个模块，六面都可进行擦拭且模块可拆卸。模块上的距离检测和防跌落检测系统保障工作的安全性。操作方式相当便捷，工作者可佩戴手环体感控制擦拭，也可待产品接触玻璃后设置自动擦拭。自动擦拭不干净的地方可体感控制进一步擦拭直到玻璃完整如新。由于 CLEANNER 的特性，后续模块可进一步开发进化，酒水模块、干拭模块、续航模块、检测模块，等等。拯救生命是永恒的话题，需要我们去重视。

二、产品设计草图

图 5-4-1　产品设计草图

三、产品建模预想图

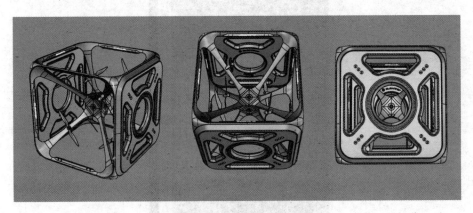

图 5-4-2　产品建模预想图

四、产品功能演示

传统高空人工擦窗需要连接过多的安全设备（图 5-4-3），人员易掉落危险系数大，且大规模擦拭效率低。

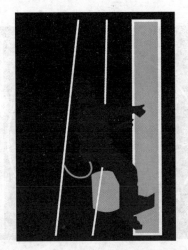

图 5-4-3　传统高空人工擦窗示意图

CLEANNER 清洁无人机大规模擦拭，可翻越楼层之间的障碍，不需要人力高吊擦拭，保障人身安全。无人机六面都可连接模块擦拭，而不需要电线电源（图5-4-4）。

149

图 5-4-4　CLEANNER 清洁无人机大规模擦窗示意图

　　CLEANNER 清洁无人机擦拭过程中如果其中一面消耗过大可旋转更换其他表面（图 5-4-5）。

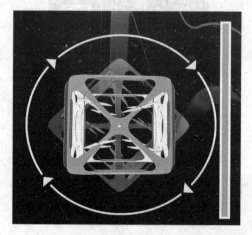

图 5-4-5　CLEANNER 清洁无人机可旋转更换其他表面

五、产品加工过程

图 5-4-6 产品加工过程

六、产品效果图

图 5-4-7 产品效果图

第五节　手语翻译器设计

作品名：手语翻译器；作者：张萌；指导教师：岳广鹏。

一、产品设计说明

体感技术，就是人们可以直接地运用肢体动作，与周边的装置进行互动，无须使用其他的控制设备，便可让人们身临其境地与装置进行互动。我国无障碍设计现行发展还未完善。设计通用化、人性化、艺术化，是其发展的主要趋势。设计中的科技含量提高，提倡人权、可持续发展、人类共同遗产的设计方向。通过这种体感交互体验形式，呼唤残疾人走出家门融入社会。帮助残疾人自强自立，走出自我封闭，也能使社会上更多的人了解和关爱残疾人。将虚拟现实融入无障碍设计中也是社会文明进步的要求。体感技术从根本上颠覆了现有的人机交互方式，由传统的按键等类似于鼠标键盘等硬件输入转变为一种手势、语音输入甚至是面部识别的新型人机交互方式。产品外观上则可省去传统物理按键等，取而代之的是体感识别镜头等。

体验设计主体是用户，情感是关键。从设计的本质上来说，设计的目的是为人，任何设计观念的形成都要以人为本，忽略与人的关系，设计就会迷失方向，产品就将失去了意义。

通过研究无障碍设计的背景、目的和意义，了解国内外市场上无障碍设计的研究现状。调研分析无障碍设计，研究体感技术和无障碍结合设计的创新方法。

目的是研究无障碍设计的现状，找出现有产品的设计问题，并提出解决方法。探索出更加科学的无障碍设计，对帮助残障人士的更加方便的生活具有重要意义。国内外对这个方面的研究很多，但是仍然存在很多不足。

二、产品设计草图

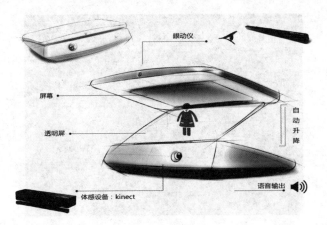

图 5-5-1 产品设计草图

三、产品效果图

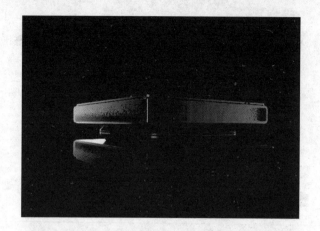

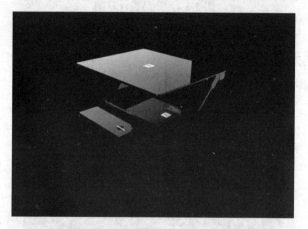

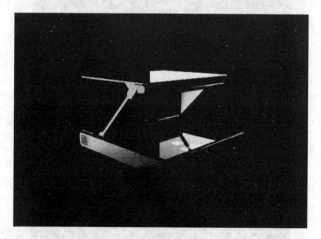

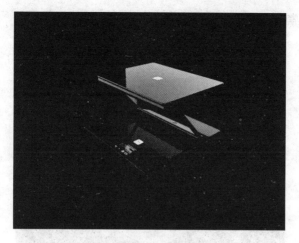

图 5-5-2　产品效果图

四、产品三视图

图 5-5-3　产品三视图

155

五、产品爆炸图

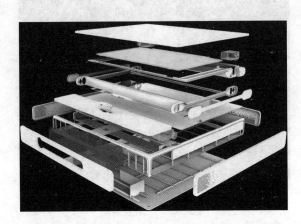

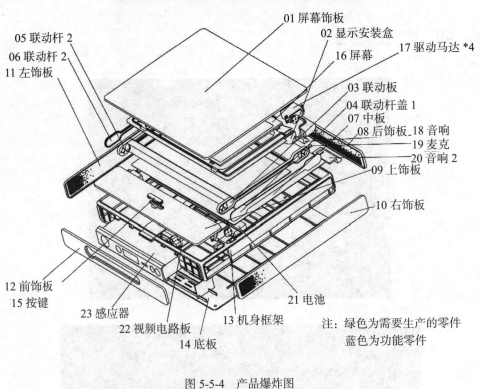

05 联动杆 2
06 联动杆 2
11 左饰板

01 屏幕饰板
02 显示安装盒
17 驱动马达 *4
16 屏幕
03 联动板
04 联动杆盖 1
07 中板
08 后饰板 18 音响
19 麦克
20 音响 2
09 上饰板
10 右饰板

12 前饰板
15 按键
23 感应器
22 视频电路板
14 底板
13 机身框架
21 电池

注：绿色为需要生产的零件
蓝色为功能零件

图 5-5-4　产品爆炸图

156

六、产品功能介绍

（一）摄像头

摄像头起到了很大的作用，它负责捕捉人肢体的动作，然后微软的工程师就可以设计程序教它如何去识别、记忆、分析处理这些动作。它一秒可以捕捉 30 次。除此之外，还有一个传感器负责探测力度和深度、四个麦克风负责采集声音。"你的身体就是控制器"，他会将你所处的房间形成一个 3D 影像，然后分析你身体的运动，因此整个系统是着眼于你所处的全部游戏环境，并形成一个综合的控制系统。

（二）情景模拟

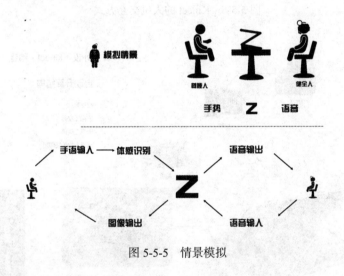

图 5-5-5　情景模拟

（三）外设（Kinect）骨架追踪处理流程

Kinect 骨架追踪处理流程的核心是一个无论周围环境的光照条件如何，都可以让 Kinect 感知世界的 CMOS 红外传感器。该传感器通过黑白光谱的方式来感知环境：纯黑代表无穷远，纯白代表无穷近。黑白间的灰色地带对应物体到传感器的物理距离。它收集视野范围内的每一点，并形成一幅代表周围环境的景深图像。Kinect 的人机交互方式、拆机与编程，如图 5-5-6、图 5-5-7 所示。

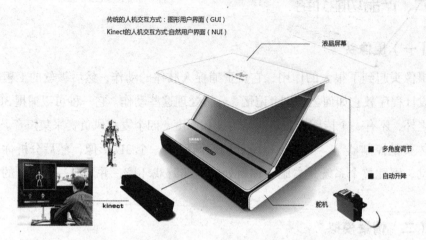

传统的人机交互方式：图形用户界面（GUI）

Kinect的人机交互方式:自然用户界面（NUI）

液晶屏幕

kinect

- 多角度调节

- 自动升降

舵机

图 5-5-6　Kinect 的人机交互方式

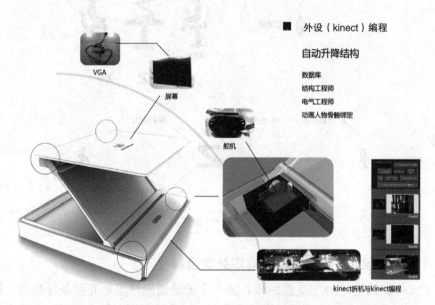

VGA

屏幕

舵机

- 外设（kinect）编程

自动升降结构

数据库

结构工程师

电气工程师

动画人物骨骼绑定

kinect拆机与kinect编程

图 5-5-7　外设（kinect）拆机与编程

七、模型制作过程

图 5-5-8　模型制作过程

第六章　虚拟现实的前景和挑战

本章将讲述虚拟现实的前景和挑战，主要介绍了三个方面的内容，分别是虚拟现实商业化、虚拟现实的科学与技术前景、虚拟现实未来发展面临的挑战与展望。期望通过本章内容的讲述，使大家对相关知识有更多的了解。

第一节　虚拟现实商业化

一、VR 商业化现状及模式

（一）VR 商业化现状

现在的市场上，媒体曾用"到处都是虚拟现实，漫天都是无人机"来形容虚拟现实和无人机的火爆。数据显示，近 4 年来，投资者已经向 VR 行业倾注了 883 亿美金，根据 2016 年 4 月份发布的一份资料来看，2016 年的 VR 软硬件销售额将会突破 286 亿美元。众开发商选择在此时抱团进驻 VR 市场，而相关的软硬件数量也在呈现井喷式的增长。尤其是今年，2016 年，更是被普遍认为是 VR 产业的风口。随着微软、索尼，三星等业界上游厂商的加入与 VR 创业公司的广泛兴起，VR 产业将迎来大爆发。曾经在电影里出现、让我们大呼惊奇的虚拟现实技术和装备，已经势头强劲地走向了我们的现实生活。

（二）VR 商业化模式

目前全球 VR 的发展情况为——巨头公司生产 VR 平台与生态，而中小型公司提供具体各个部件的技术生产和 VR 内容创新。具体来看，VR 生态闭环已经初步搭建起一个形态，通过投资和开发等各种方式，硬件厂商和平台搭建者将技术（软硬件设备）、渠道（推广应用通道）和内容（使用者体会的故事内容）相互打通。而中小型创业公司在各个细分领域有所建树，如头戴设备、内容制作工具、游戏研发、影视制作等。

1. 生态型

闭环模式与开源模式各具优势。所谓的"闭环模式"典型就是苹果系统，以硬件产品为基础建立应用商店和应用开发平台，吸引第三方开发者加入。与之相对的，安卓系统就是"开源模式"，以标准化开源操作系统和开发平台为基础。在 VR 产业，闭环模式下硬件用户规模与应用开发规模相辅相成，目前市场只有暴风魔镜等少数巨头厂商有能力搭建完整生态系统，市场培育较慢，但巨头盈利空间大。

2. 平台型

平台型 VR 产品通过两个方式赢利：产品销售还有增值服务。平台主要需要解决的是用户服务和供应商关系，盈利来源于和供应商确定分成。具体细分有两种：泛内容综合平台和垂直平台。前者很好理解，就像苹果手机的应用商店一样，依托硬件设备，用户为大众，和设备厂商合作搭建应用商店或分发平台；而后者主要依托内容制作公司，面向特定用户群，其中，VR 游戏和视频垂直平台已初见规模。

3. 产品型

国内 VR 产品大热，在公交车上的新闻中播放的都是 VR 游戏，其国内需求可见一斑。其中，智能手机、平板电脑、可穿戴智能硬件市场发展火热，全球占比均在 15% 以上。然而，过热的需求也随之带来激烈的竞争。在整机产品竞争激烈的态势下，市场集中度将逐步提高，即巨头将会涌现，小厂商将消失，为了能在市场中占据一席之地，产品差异化路线是竞争关键。现在最多的产品是 VR 头戴设备，国内硬件厂商可以另辟蹊径，争取在周边外设产品上取得技术突破，如摄像头组件、输入外设，以及 VR 音响系统等。

4. 技术型

虽然 VR 火热，但其中最重要的仍是上游核心技术研发，这一部分未来也将由硬件厂商整合。集邦咨询公司（Trend Force）的预测，2020 年 VR 软件类收入达 500 亿美元，远超硬件设备 200 亿美元收入。然而应用这一部分仍是市场盲点，未来可发展性极强。

（三）VR 的商业化将带来的行业变革——以娱乐行业为例

几十年来，许多推想小说都描绘了沉浸式技术带来的革命：人们通过全息图进行交流，沉浸在一个完全增强的、混合的世界中，甚至不确定周围的世界是不是幻觉。尽管这些预想的应用很多都有重要作用，如提高生产力，增强学习、协助、设计与探索，但它们也提供了一个充满着逃避、创造和娱乐的全新的世界。因此，这些可以让人完全沉迷其中的奇幻景象的吸引力，就在于它允许一个人在某种程度上逃离自己的世界，并让事物在他们的愿景下在可控的环境中发展。

1. 多态沉浸媒介

沉浸将成为这些新媒体的核心。这里的"沉浸"是一个很宽泛的概念：可以严格地从对感官的刺激和替代感官的角度来看，或从交互的角度来看（用户与他的媒介进行或多或少的交互），甚至从一个增强的社会角度来看。此外，它不会像电影那样仅仅用于叙事框架，而是作为一种新型媒介。因此，我们可以强调，沉浸式媒体不会只有一种定义，而是很明显地具有多态性。这意味着它的未来无限广阔：多站点或多用户、主动或被动、严格沉浸或增强式/扩展式、有无触觉反馈、自由游戏式或完全线性式，均有可能。

这些沉浸式媒介中有一部分会是完全沉浸的。沉浸式体验会是接管人的所有感官的一种整体幻觉。为了让这种幻觉臻于完美，有必要人工重建所有人类可以感知到的所有刺激。然而，考虑到人类感知系统的丰富程度，即使这个目标可行，实现它也需要相当长的时间：即使除掉五种主要感官，人类的感知系统依然非常复杂，多种感知相互关联以加强对自我和环境的感知，而这些感知仍是必要的。因此，我们在空间中对自己的感知会基于一系列的混合信息，而这些信息主要来自视觉和听觉、前庭系统、个体本体感知能力，甚至来自内脏接收的信息。如果我们的最终目标是完美刺激的话，那么要实现我们之前提到的幻觉，就必须让主要感官结合起来，并扭曲它们提供的反馈。更进一步的话，未来的创新沉浸式体验通过蒙骗整个感知系统，将可能给我们带来在现实中不可能体验到的反馈。

短期内，行业的精力会集中在主要感官上。回顾过去十年的演变，我们很容易预想到，将来市场上会有不同的终端设备，用户们可以按需购买。这些设备可能是轻型家用设备，集成于家中的沉浸式消费者空间里，也可能是呈现于未来的沉浸式体验中心的，更昂贵更全面的设备。味觉和嗅觉可能以较为原始的方式被快速处理，如用扩散装置来提供有限但合适的体验，并印在用户的脑海中。开发人员面临的挑战之一是消除效应，即系统消除这种反馈（味觉、嗅觉）并恢复到中性感知状态的能力。在今天的虚拟现实和增强现实产业中，视觉是被探索最多的一种感觉，尤其是通过 HMD。尽管 HMD 的视角和分辨率还没有达到人类视觉的水平，但是沉浸式媒体已经开始利用这些设备了。受益于屏幕和技术的革命，HMD 还将在产品质量和小型化方面继续进步。集成到用户生活空间中的其他视觉系统也将成为可能，我们将拭目以待。毫无疑问，由于空间技术和双耳技术，听觉是目前反馈最接近真实的感官。然而，一种必不可少的感官仍然被遗漏了——触觉。它允许人们去感知沉浸着的虚拟世界。没有触觉，体验就不能"存在"。触觉依赖于皮肤下面的受体和小体，每个受体和小体对特定的任务做出反应：冷、热、压力和（或）疼痛。皮肤中的神经末梢负责将感觉受体收集的信息转换成神经电脉冲，通过神经纤维传输到大脑。因此，一个完全沉浸的媒介必须刺激这些受体以提供真实的感觉体验。尽管触觉反馈是虚拟现实早期发展的一个领域，但是刺激的难度、设备的复杂性和可变性（如外骨骼或力反馈臂）限制了目前对这些技术的进一步研究，仅用作专业的实验或一些简单的振动。当我们等待新的易用的执行器时，这种设备及其成本无疑将允许开发沉浸空间，这种沉浸空间随后将成为大规模扩散沉浸媒介的场所，就像电影院大厅和电影的联系一样。最后，所有触觉外围设备都必须与用户体验相关联。由于这些外围设备的异构性，我们需要标准化和更高的抽象层级。例如，艺术家们可以像添加声轨一样添加触觉通道，而不用知道用户在家里使用的是什么设备。

然而，沉浸式媒体的概念已经远远超出了我们当前对媒体和沉浸式最严格意义上的概念。它涵盖了所有的新媒介，允许观众从情感上和感官上更接近内容。因此，与内容和周围环境的交互，以及个性化都是体验的重要组成部分。

我们还可以预料到的是沉浸式媒体将进入用户的环境，适应环境中的特定条件，并由此提供完全个性化的混合现实体验：情感的影响被解耦，因为它触及用户的个人空间。此外，社会成分也是这些新媒体的重要特征，无论是在相同还是不同的地点，人们都可以聚在一起分享经验。虚拟现实并不孤立用户，而是将他们聚集在一起，让他们能更好地分享经验。同样有趣的是，适应于用户环境的媒介已经不仅限于娱乐。

2. 承诺的体验

沉浸式媒体的多变性使得它在休闲和娱乐世界中有多种多样的用途。我们将根据场景（家中、电影院或公园）或内容本身（体育、旅游、商业）描述不同背景下的一些体验。

随着沉浸式媒体的推出，它将逐渐通过游戏机、移动电话和其他接入点（如互联网盒、智能电视）进入我们的家庭，而游戏将成为主要载体。它已经可以很容易地将家中的空置空间转换为完全浸入式空间（市场上已经有普通大众可用的外围设备，它们可用于单人房大小的区域。传感器可以在空间中实时跟踪头戴式显示器和控制器等交互设备）。这些体验会变得越来越丰富。虽然这些体验的最初浪潮是由游戏引领的，但我们可以发现电影内容也越来越多。这种媒体对应于另一个行业，尽管从长远来看我们对 360° 全景视频的兴趣不大，但媒体的演进方向是趋同的，如虚拟现实（交互、化身）或增强现实（与真实世界的虚拟内容相交互）所特有的技术使得产生新的体验成为可能，而之后叙事和情感将成为媒体的核心。因此，360° 全景视频将成为真正的虚拟现实体验，用户可以参与到电影当中，与电影产生交互，最终通过呈现同场景的多重视角来增加社会维度。这使得用户可以将对方互相视为正在观看的电影的一部分。这些视频本身将发展并形成体量。一开始这些视频会在有限的位移量中覆盖视差——也就是说，观看者通过相对物体的移动以感知物体在空间中的相对位置。但从长远来看，它们将可以实现自由移动。在这个时代，家庭媒体消费方式也将从使用沉浸式耳机发展到更复杂的沉浸式电视，体验使用更多样化的外围设备。最后，虚拟将与现实融为一体，通过增强现实耳机或者移动设备（电话、平板电脑）提供与电视相关的更全面的体验。这些体验（如角色从电视中走出来，进入用户的客厅、附加信息、广告以及其他交互手段）将考虑房间、家具和房间中的人三者的布局，以便动态地调整内容以达到完美的整合。

主题公园是让观众沉浸在"品牌世界"中的一个成功尝试。主题公园现在的趋势是让观众成为自己的演员，然后不断地转移观众的注意力。奥兰多迪斯尼乐园中的"哈利·波特世界"花费了几千万美元才建成。因此，虚拟现实以更易于管理的成本提供了一种修改、增强和扩展体验的解决方案。第一次用户试验是六面旗主题公园中的一个结合了机械和虚拟的过山车。用户的物理感觉（滑过轨道的过山车）与虚拟宇宙相关联（对于同一物理位置，虚拟宇宙可能会被改写多次）。这是一种确保内耳感觉和虚拟模拟之间一致性的方法，从而消除认知的不安。这种经济模式很有趣，因为它可以产生多种多样的体验，而不用全盘推倒重建。大部分投资都用在了机械部分及其维护上。目前有一个问题，就是给（通常是无线的）外围设备充电，以及提高其使用率（一个主题公园的人流量大概在每小时 1200 人），这给景点及其可靠性带来了很大压力。此外，我们已经看到了虚拟现实体验中心的兴起——要么是小型的、独立的结构，它们的投入相对合理（使用 HMD

和现有游戏，甚至是激光游戏）；要么是新建的、投入很大的虚拟现实中心，比如 The Void；要么是著名的、建立已久的场馆，比如艾麦克斯银幕技术（IMAX）和它最近推出的艾麦克斯银幕技术（IMAX）虚拟现实中心。这些中心将会继续改进，提供在家中由于成本和空间问题无法实现的舒适性和沉浸感，我们以后可以像看电影一样轻松地享受这些全新的体验。

从这些新型的沉浸媒体中人们将会获得许多沉浸式体验，而体育领域无疑将是最主要的受益者之一。无论是作为观众还是作为演员，VR 都让人能够在家里"近距离地"参与体育活动。也就是说，观众可以和他们的朋友在体育场观看比赛，可以与团队在更衣室里闲逛，或者坐在赛车手或自行车手旁边。未来的 VR 房间可以把无聊的跑步机、单车机、划船练习机和重量训练转变为一场场冒险体验。VR 可以把玩家传送到另一个环境，同时回溯这一领域的历史。目前已经有这类尝试，如一次单车机训练可以变成一次经过法国阿尔卑斯山山口的骑车探险，一次跑步机训练可以变成在纽约或巴黎的马拉松，卧推和深蹲可以变成一次掠过岛屿的飞行。这些体验将会是感官体验，而新的触觉设备将允许运动者接收到来自虚拟世界中的力度反馈与物理反馈。

沉浸式媒体的出现缩小了空间上和时间上的距离，从而为旅行和发现新文化提供了新的机会。近几年来，博物馆和旅游景点已经开始向游客提供平板电脑。游客可以使用平板电脑通过增强现实获得可视化视听信息，或是他们正在参观的历史遗址的 3D 重建。这种技术还可以用来指导游览者，向他们提供更多关于旅行的信息和建议，以及预先让他们看到特定地点的可视化模型。现在，就算只坐在沙发上，你也可以通过沉浸式体验来准备旅行或者探索新的地方。通过 VR 耳机和 YouTube 视频，用户可以走到时代广场的中间，游过大堡礁，或者去克罗地亚旅游。在不久的将来，我们将更进一步，在物理距离很远的景色中走动，与内容交互、进入建筑物等。虚拟现实不仅可以用来计划假期，甚至会成为在家旅行的诱人方式。然而我们必须小心的是，因为这种沉浸并不是完全沉浸，我们必须得问问自己，这些虚拟的体验带给我们的惊奇和幸福是否可以取代真正的旅行。

休闲与消费主义之间的界限变得越来越模糊。我们的大部分空闲时间都花在寻找我们想拥有的东西上，无论获得这些东西的想法是否现实。VR 和 AR 可以让每个人都投身于一个可以立即获得和享受自己财产的世界。我们可以很容易地用超现代设计师的家具来替换旧家具，使用虚拟镜子来把我们的衣服换成完美定制的豪华服装，甚至让一辆崭新的法拉利停在我们的房子外面。通过逃避到虚构的世界中，我们能按照自己的心意改变我们的外表和周围的世界。毫无疑问，这种新的虚拟消费模式是会有代价的。

二、虚拟现实商业化发展困境及对策

（一）亟待解决的问题

现阶段 VR 技术存在的问题主要是沉浸感不足、互动延迟、眩晕感强烈、输入输出设备繁重不轻便、价格高昂等。因此，急需开发出两款开放式的、大型的 VR 系统平台：一是基于手机扩展的移动 VR 系统，其使用面广，支付和商业模式灵活多样，因此商业前景巨大；二是从主机 VR 进化的完全独立的一体机，其性能比手机移动 VR 更强大、独立性更强、体验效果更好，但受众更少，开发成本高。

（二）制定并完善 VR 行业标准

任何先进的科技成果要想转化为重要的生产力，必须要有相应的标准，标准化是扩大生产规模、增强竞争力的前提，标准化不仅可以规范生产活动和市场行为，也有利于实现科学管理，还可以增强与世界各国间的沟通交流，消除技术壁垒，促进相关产品在技术上的相互协调配合，从而促进 VR 技术的发展，因此，相关人员要加快制定并完善 VR 行业标准。

（三）应用方面的创新

创新才能赢利，比如某网剧有双结局，观众要充值成为会员才能看到双结局，这就是一个赢利点。其实，VR 影视剧不但可以具有双结局，可以让观众坐在沙发上观看，甚至可以让观众参与进去并进行互动，使观众自己选择一条情节进行，中途也可以有多个情节分支点，而影视内容就会随着观众不同的选择发生相应的变化。试想，这样的 VR 影视剧是不是比传统的影视剧更能吸引消费者呢？因此，相关人员可以在 VR 技术的应用方面，不断进行创新。

三、展望

曾经，收音机慢慢地成为大多数家庭的必备品，之后的电视机也是如此。我们在这里讨论的技术提供了多种多样的交互和消费，因此它有潜力通过集成的沉浸式空间进入千家万户。这将方便用户与其他地方的人们交流分享信息、接受培训或帮助，以及体验广义的沉浸式媒体。当前电视提供的高清图像使它们成为内容的真实窗口，然而它们的发展仍然受到其设计的限制。因此我们可以想象更加沉浸和集成的屏幕（更大的、弯曲的、自动立体声的，或者具有集成头部感知的），或者是全新的全息投影技术，甚至是完美集成的设备（如捕获或跟踪系统），所有这些都将与使用这些新属性的服务和内容的开发同步。就像网络插座（媒体）已经变得像电力插座一样标准，将来的标准住宅中很可能集成有沉浸式系统。

由个人生成的沉浸式媒体也将变得更加普遍。时至今日，我们目睹了 3D 照相亭的早期发展，这使得我们有可能获得真实、静态的人体 3D 扫描。此类的优质服务在带有摄像头的智能手机上获得了一席之地，用户可以数字化自己的脸部。深度传感器将逐步普及到手机中，这将提高它们捕捉 3D 模型的能力。虽然在短期内，应用主要适用于娱乐领域，但我们可以预见，这些捕捉机制将变得容易、高质量，尤其是标准化。因此，将来它们可以像数码照片（JPEG 格式）一样被重复使用。预见再远一些，我们可以想象在家庭聚餐的过程中，集成于房屋或移动设备中的捕捉设备将捕捉范围内的动作。之后我们可以从不同角度回看这次聚餐，以便重新体验这种沉浸式媒体。不管沉浸与否，媒体都将对其内容产生情感联系。创作者的目的是产生情绪，而记录者的目的是传播情绪，无论恐惧、悲伤、喜悦、惊讶、自信、愤怒、厌恶，等等。然而，用户的感受（唤醒和效应）可能因人而异。这样一来，情感循环（动作—反应）必须闭合，也就是说，体验本身必须适应旁观者的情感反应。因此，我们必须要能够测量这种情感反应。生理传感器（如体温、心律、皮肤电反应）和神经传感器（脑电图）的最新进展为这一方向的技术解决方案打开了可能性，即让沉浸体验成为情感沉浸体验。沉浸式媒体的改革之一与两个新出现的挑战有关：消除真实和虚拟之间的界限，以及提供社交和共享体验。我们早已超越了信息和覆盖的阶段进入了增强阶段，在实时技术、人工智能、逼真渲染、现实世界中的精准定位以及对真实场景完美分析的指导下，朝着虚拟和真实合二为一的方向前进。我们不再"只看到"，而是将在虚拟世界中真实存在。我们可以通过将某些体验拟人化，并且如上所述地涉及我们所有的感官，来感受到完全沉浸。我们不会再将增强现实与虚拟现实视作分离的，但区别在于程度——我的真实和虚拟体验之间的联系到底有多么紧密，空间和时间上的深度又如何？显然，这些不同的层次可以共存。当然，其中会有一些困惑，也会有感知问题和新的行为。但是，虚拟现实的体验会更加完整，并且真正的虚拟化。也许我们将在任一方向上（从真实到虚拟，或者反之亦然）浏览这些体验，并且可以利用光标选择我们认为最方便的状态。

此外，在这些体验之下共享是至关重要的。它已经存在于电影院里，因为声音和画面允许我们与邻座分享经历过的情感。人们会一起尖叫，一起哭泣，所有的这些都在同一个空间。但这仍然只是一个幌子。通过沉浸式体验，我们将在虚拟世界中（以后则可能是在混合世界中）共享一段娱乐时光。这将涉及一种新的故事构造的方式：考虑分享相同经验所产生的交互作用。我们发现，我们会感觉到同样的事情，而当我们的眼神交汇时，在那复杂的一瞬间，我们会感觉到更多鲜活的体验。当场景在我们身边展开时，分享是通过互动发生的。我们可以进一步想象，通过人工智能，叙事将因为展开场景的不同做出反应和改变。最后，我们发现自己仿佛置身于戏剧空间里。最后一个必须提到的重要展望是来自这些媒体的危险，尤其是非法侵入他人的行为。

目前我们很难真正地理解沉浸的影响。比如，虚拟现实被用于治疗。例如治疗截肢患者与假肢相关的疼痛。在这种情况下，长期影响已被公认为是积极的。另一个情况是，电影的工业制作中，一些属性（尤其是闪光灯）可以触发癫痫发作。然而，与此相反，如今许多 VR 体验都开放给所有人，并且质量参差不齐。一般来说，用户在默认情况下不会觉得使用 HMD 的体验是中性的。晕车引起的恶心（前庭系统的暂时性故障，通常与我们在车辆中移动时的方向混淆有关）与晕船引起的恶心（前庭系统受到影响），涉及通常由空中或海上航行引起的持续性倾斜和（或）移动的结合不同。第一次晕眩可能持续时间很短，然而第二次可能持续数月，这些负面影响不容忽视。更进一步来说，我们可以设想，可能会有怀揣恶意的人大规模地利用这些影响。这就是为什么每个行业都需要一个用来保护用户的系统。除此以外，这也意味着我们需要对内容有一定的分析和验证，同时监测用户的生物体征。除了这些安全问题之外，考虑和研究道德问题也很重要（即我们能触及多深多远）。这些道德问题是人文学科研究人员必须解决的问题。

第二节　虚拟现实的科学与技术前景

一、替代感知

由 VR 体验产生的感官错觉和我们大脑提供的最有可能的解释相一致，这取决于它接受的感官刺激和我们早期对世界的知识和经验。当虚拟情况看起来最可信时，用户就会产生存在的感觉，并在虚拟环境内做出与实际情况相同的反应。值得注意的是，虚拟现实通过从多个方向向用户提供信息的虚拟环境（VE）创建矛盾，从而提供创建感官冲突的可能性。这些感官冲突可能是有问题的，而某些冲突是必须被避免的。例如，很多用户会被模拟器疾病或称晕动症所影响：应用程序引入了用户接收的视觉信息和前庭信息之间的冲突。然而基于用于显示 VE 的设备（如屏幕、图像墙、HMD），我们可以通过操纵所显示的信息和用户感觉到的刺激来改变用户的感知（触摸、对自己身体和肢体的感知甚至味道）。当一种感觉模式强烈地干扰和影响与另一种感觉模式相关的刺激的感知时，它会使人产生感官错觉，或对刺激的替代感知。视觉最常被用于产生伪感觉反馈，因为视觉占据统治地位，特别是当感官之间存在冲突时。

（一）伪感觉反馈

"伪感官"效应最著名的例子是勒库耶（Lecuyer）等引入的伪触觉反馈。他们希望在虚拟环境中不使用触觉接口（如力反馈臂）来恢复触觉信息。他们想通过修改用户感知到的视觉刺激来模拟触觉感觉。

1. 伪触觉反馈

2000 年，勒库耶（Lecuyer）等在一篇开创性的论文中引入了伪触觉反馈的概念。这个想法是利用人类感知和多感官整合的特性——即人类感知系统同时整合和分析同时来自多个感官通道的刺激。更具体地说，伪触觉反馈最初通过给予用户动作以视觉反馈来引入。然后，这种方法就可以模拟触觉感受：不是使用专用的触觉界面，而是使用简单的、被动的输入外围设备（如鼠标、操纵杆等）结合视觉效果（或通过除触摸之外的任何感觉通道）。伪触觉反馈产生了一种"触觉错觉"：当用户的真实和物理环境保持不变时，对触觉属性的感知会发生变化。我们将通过下面给出的几个例子说明这种方法和虚拟现实中"伪感觉"反馈的概念。

（1）通过视觉反馈的伪触觉：伪触觉反馈概念的一个简单例子是勒库耶（Lecuyer）等引入的伪触觉纹理或图像的概念。包括使用计算机鼠标模拟 2D 图像的纹理或浮雕的触觉感觉。如图 6-2-1 所示，给出了伪触觉纹理的概念，它根据图像中的信息修改光标的移动。实际上，鼠标光标的移动通常直接取决于鼠标的移动。为了产生另一种伪触觉纹理的感觉，根据图像的内容，我们人工修改光标的速度和移动。例如，为了模拟图像中的"凸起"，我们必须首先降低光标的位移速度以便模拟上坡，然后一旦光标过了"凸起"的一半，则加速位移给出下坡的感觉。类似地，我们也可以通过突然停止光标的移动来模拟遇到墙壁。

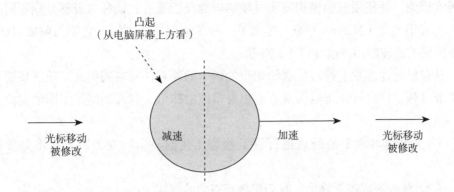

图 6-2-1　伪触觉纹理的概念：模拟用户移动光标到"凸起"的触觉体验

正如我们刚刚看到的，伪触觉反馈的概念包括使用视觉反馈来给用户感觉到触觉的幻觉。这个想法还被用于模拟"基本的"触觉特性，如：

①重量：多曼谷（Dominjon）等为了让用户产生物体比实际重量轻的错觉，人工修改用户在屏幕上操纵的 3D 对象的位移速度。

②摩擦：模拟物体在不同表面上移动时的阻力，如物体在光滑的表面（如大理石）上移动比在粗糙的表面（如沙子）上移动更容易。

③刚度：允许模拟物体的硬度或弹性程度，这里的想法是基于用户对输入外围设备施加的力来变形 3D 对象。

④扭矩：帕尔吉奇（Paljic）等将模拟刚度的概念扩展到扭矩和扭转刚度的概念，并比较了弹簧的真实和伪触觉扭转。

（2）通过听觉反馈的伪触觉：一项研究初步提出了使用听觉通路来诱发伪触觉感觉的方式。结果表明，在使用触觉外围设备期间，竖琴的声音，或者竖琴是否在演奏可以唤起与用户真正接收不同的感觉。然而，这项研究仍然相对保密。通过播放声音来唤起触觉感觉是颇具希望的方法，但仍需进行更多的研究。最近，瑟拉芬（Serafin）等试图通过让用户听到不同表面的脚步声来测量用户是否能够感觉到他们正在走过地面上的凹陷或凸起。在现实中，我们能够根据两步之间的时间间隔，或者脚后跟着地和脚尖着地的瞬时差，不知不觉地辨别我们是在凸起、凹陷还是平坦的表面上行进。因此，通过改变这些参数，只要让参与者听到脚步声，研究人员就能够让他们有走过凸起或凹陷的感觉。

2. 伪味觉反馈和其他感官

伪感觉反馈的概念也被应用于味觉。想法是希望通过改变参与者正在吃东西的视觉形象，并使用能够模拟真实气味的嗅觉反馈系统，让参与者感觉到不同的口味。安田成美（Narumi）等人提出了一种非常创新的方法，它能为佩戴 HMD 和嗅觉反馈系统的用户改变饼干的味道。

其思想是在视觉上修改呈现给用户的饼干的外观，同时利用人工嗅觉反馈系统扩散气味，这些气味可以引发我们想要模拟的味道。有人测试了不同的实验条件，即：

（1）单独对饼干的外观进行视觉修饰（我们显示巧克力饼干而不是普通饼干）。

（2）单独进行嗅觉修饰（我们扩散巧克力的气味）。

（3）视觉和嗅觉刺激的组合（我们显示巧克力饼干同时扩散巧克力的气味）。

结果表明，这种方法可以改变饼干的感知味道，并且组合刺激实验条件将产生最佳结果。

（二）运动的替代感知

下面我们将研究如何为沉浸在虚拟环境中的用户提供移动的错觉。这里"移动的错觉"可以通过呈现给用户的视觉刺激而获得。

1. 简介

VR 技术的局限之一是在虚拟环境中的移动。典型的情况下，用户要么在虚拟环境中物理地移动（如步行），要么使用允许移动的外围设备（如控制器）。尽管原因不同，但两种解决方案都不能令人满意。控制器的使用允许用户在大型虚拟环境中简单而有效地移动，但是用户不会有移动的感觉（保持静止）。而用户可以在 VR 设备中物理移动的话，通常虚拟环境的大小会受到限制。

2. 触觉运动

从本质上说，移动的感觉是多通道的，因为它结合了视觉、触觉、本体感受、前庭甚至听觉信息。要向静止的用户传递 VR 中的移动性感觉，可以让其在大屏幕上或视听头戴设备中观看运动中的场景。实际上，刺激周边视觉可以诱发"对向"的错觉。你肯定自己经历过这种错觉：在火车站，旁边的一列火车开始移动时，你会感觉自己的火车在往相反的方向开动，即使你是完全静止的。

夸蒂（Ouarti）等表明我们可以有意地去加强对向的错觉。他们的方法叫作触觉运动。向用户的手施加一个力，该力与场景中的视觉位移的加速度成正比。固定使用者的肩膀以防止其移动。作者表明，无论是在强度还是持续时间上，增强的对向感确实是由于触觉反馈，而不是前庭感觉或本体感受。

相对于用于运动仿真的传统装置（如移动座椅），触觉运动的优点在于它能够使我们在很长的时间内保持"对向"的错觉，并且可以在任何 3D 方向上做到这一点。因此，这种方法在娱乐（主题公园等）和 VR 的应用发展中很有潜力。

3. 虚拟摄像机的运动

另一种加强静止用户在虚拟环境中位置感知的方法是修改虚拟摄像机的运动，如模拟步行。这些效果已经在第一人称视频游戏中使用了很多年，并且它们在虚拟环境中的使用也被研究过。传统方法通过仅修改虚拟摄像机在虚拟环境中的行为来诱导类似步行的感觉，该方法将振荡运动应用于虚拟摄像机，然后在虚拟环境中拍摄第一人称视角。这样一来，通过再现行走时人能感受到的特征视觉通量就可以给使用者步行的感觉。利用这个想法特尔齐曼（Terziman）等扩展了虚拟相机的运动概念，以便再现跑步或短跑的运动。他们的方法还考虑到了虚拟环境中的拓扑变化（如在陡坡或下坡的情况下），并且可以基于我们希望描绘的虚拟的形态（如体重、年龄和物理条件）进行配置，以展现不同的疲劳和恢复状态。

最后，我们有一组目标略有不同的技术。这些技术被统称为"重定向行走"，最初由拉扎克（Razzaque）等提出。这些技术也利用虚拟相机的运动来改变用户对运动的感知。在虚拟环境中，用户可以控制位移和他们视角的方向，特别是在虚拟现实空间中物理移动时。一般来说，在真实世界中执行的运动将直接应用于虚拟环境。因此虚拟环境中的位移受到 VR 设备实际尺寸的限制。"重定向行走"技术背后的思想是通过放大用户执行的运动来操纵虚拟相机，使得在虚拟环境中执行的运动与真实世界中的运动不同。这样尽管 VR 设备在一个小得多的物理空间中，用户仍然可以在大型虚拟环境中移动。施泰尼克（Steinicke）等研究了在放大"重定向步行"技术中运动应用时的阈值。用户的最终印象是，他们在长距离上走直线，而实际上他们在物理空间中绕圈子。

（三）改变对自己身体的感知

到目前为止，我们已经看到了如何使用 VR 来修改用户在虚拟环境中感知到的内容。VR 可以让用户改变感知以便再现触觉，甚至在用户静止时引发移动的感觉。下面我们将进一步说明 VR 如何能改变用户对自己身体的感知，从而成功地在其他方面修改用户的行为，如种族偏见。

1. 身体所有权错觉

AR 可以影响或改变我们对自己身体的（有意识的或无意识的）感知，比如我们身体不同部位的位置和运动。这种感知通常被称为本体感受，也称动觉。当使用 HMD 时，VR 使得用户能够完全沉浸在虚拟环境中并且完全与真实世界隔离，包括他们自己的身体。尽管身体所有权指的是一个人对自己身体的感知是有效的，并且经历的身体感觉是独特的，但 VR 使得我们产生对身体所有权的错觉，其中包括改变我们对自己身体的感知。HMD 的使用产生了一种新型的伪感觉效应，它使我们能够改变对自己身体的感知。之后我们谈到"身体所有权错觉"，它是另一种"身体感知"，即具体化或虚拟化身体所有权。在"皮诺曹错觉"（Pinocchio Ilusion）（图 6-2-2）中，被蒙住眼睛的参与者在触碰自己的鼻尖时，他们的二头肌会受到振动的刺激。当以特定频率施加这些振动时，参与者会有手臂变长的错觉，并产生鼻子和（或）手指也一起变长了的错觉。如图 6-2-3 所示，是著名的"橡胶手错觉"（Rubber Hand Ilusion）。参与者能看到面前的一只橡胶手，而他们自己的手在视野之外。实验者以同步的方式刺激双手，并且一定时间后（不同参与者所需的时间不同）参与者会体验到感知失真，不再能够辨别他真实的手在哪里。他们察觉到自己的手似乎位于真实的手和橡胶手之间。

图 6-2-2　皮诺曹错觉

图 6-2-3　橡胶手错觉

2. 在 VR 中改变身体感知

在经典的"身体所有权错觉"试验之后，沉浸式虚拟现实通过将参与者的身体替换为 3D 化身或人类形式的 3D 模型来开发新的错觉，该 3D 模型可以使用运动跟踪以与参与者的运动连贯的方式进行动画。我们可以使用运动跟踪和 HMD 给用户提供一个替代身体（通常称之为化身）。使用化身代替用户的真实身体，然后创建身体所有权错觉，就可以改变一个人对自己身体的感知。

二、脑机接口

（一）脑机接口的定义

脑机接口（以下简称 BCI）可以被定义为将用户的大脑活动转换为交互式应用程序的命令或消息的系统。例如，在虚拟现实领域中，典型的 BCI 可以允许用户通过想象左手或右手的运动，将化身或虚拟对象移动到左边或右边。这是通过测量用户的大脑活动来完成的——通常使用脑电图（以下简称 EEG）。然后通过系统将命令与精准的大脑活动模式相关联，正如由想象手的运动引起的大脑活动。因此，BCI 允许与应用程序进行"免提"交互，这些交互实际上不涉及任何运动和肌肉活动。BCI 很有成为帮助严重瘫痪患者的工具的前景，并且最近也成了一种与数字或虚拟环境交互的新手段。

BCI 有不同的类型：主动型、反应型或被动型。对于"主动型"BCI，用户必须积极地执行心理任务（如想象移动一只手或进行心算），这些任务会被从大脑信号中识别出来，并转换为应用程序的命令。"反应型"BCI使用受试者对刺激的大脑反应。例如，在视频游戏"Mind Shooter"中，飞船的机翼和机头在不同的频率下闪烁。当使用者将注意力集中在其中一个机翼或机头上时，他们大脑区域的EEG信号将随着视觉刺激（闪烁）而改变，并且最重要的是，这些信号将与刺激频率同步。这些信号被称为稳态视觉诱发电位（Steady-State Visual Evoked Potentials，简称SSVEP）。因此可以根据EEG信号，检测出用户是在看宇宙飞船的哪个部分（左翼、右翼和机头），并将宇宙飞船向左、向右移动或掉头。最后，还有"被动型"BCI，它不用于直接控制应用程序，它评估用户的心理状态，而不需要用户有意识地通过BCI向应用程序发送命令。例如，被动BCI将尝试估计用户对应用程序的关注程度，从而相应地调整应用程序的内容或外观。如果用户不够专注，应用程序可能试图用一个特定的声音或者更换更加有趣的内容来"唤醒"他们。

（二）脑机接口的作用

为了防止对BCI的恐惧和不合理的幻想（这种情况经常发生），定义BCI不是什么和定义它是什么一样重要，尤其是指定它不能做什么。最重要的即是BCI不能读取用户的想法。即使BCI能够从一个人的EEG信号中识别出他正在想象移动他的手，但现在的技术尚不可能知道即将产生什么运动。BCI无法分辨用户想用弯曲的左手手指指向某人时和想打响指时，EEG信号之间的差异。实际上，脑电图测量了数百万个神经元的同步活动，因此只是大脑中真实发生的事情的"模糊"、嘈杂和不精确的版本。如果用户的精神状态只涉及一个（或几个）大的大脑区域的话，我们基本上可以进行预测。当前基于EEG的BCI无法检测你在想哪一封信，想看哪一个电视频道，是否希望打开灯、烤箱或拉窗帘。基于EEG的BCI还会受到是肌肉收缩或眼球运动的影响。实际上，眼球运动也会产生电流（Electro Oculo Gram，简称EOG），就像任何肌肉收缩（Electro Myo Gram，简称EMG）一样，尤其是脸部和颈部肌肉，这些也可以通过EEG传感器测量。因此，EOG和EMG信号污染了EEG信号，从而阻止BCI正常工作。这些信号常常也是造成混淆的一个因素。例如，我们能够从用户的EEG信号中识别出他想要打开灯，但事实上这是由EEG测量的EOG或EMG信号中用户看到光时头部或眼睛的运动。需要被牢记的一点是，许多被称为BCI的商业产品，甚至一些已发表的科学研究都声称从EEG信号中识别出许多心理状态，但并没有事先验证或证明这些不是被识别的肌肉或眼部信号。事实上，目前情况并不乐观，BCI 本身只能识别少量心理状态。

（三）脑机接口的工作原理

BCI 作为闭环交互循环工作，从测量用户的大脑活动开始，然后处理和分类所测量的大脑信号，以便将它们转换为应用程序的命令，并以向用户发送的命令已被识别的反馈结束，因此用户可以逐步地深入学习使用 BCI。

（四）脑机接口的现有应用

BCI 一直主要被用作工具帮助患有严重运动障碍的人，让他们能够与环境沟通、移动或互动。现在这依旧是 BCI 的主要应用领域。

1. 辅助技术和医学应用

（1）通信：BCI 作为辅助工具的最初应用之一是通信工具：允许严重瘫痪的人选择字母以便能够书写文本。最著名的使用 BCI 的通信系统是"P300 拼写器"，它也是被最广泛使用的此类通信系统。P300 拼写器背后的思想是在屏幕上显示字母表的所有字母，并让它们一个接一个地闪烁，或者按组闪烁。然后我们要求用户数他们想要的字母亮了多少次。每次我们都能观察到一个叫作 P300 的特定脑信号（因此这是一个反应型 BCI），它会在一个罕见且相关的事件之后出现，延时大约 300ms，而此时用户想要选择的字母已经点亮。当 BCI 检测到这个信号时，它知道刚刚点亮的字母是用户希望选择的字母，因此它可以选择这个字母。

（2）义肢、扶手椅和矫形系统：为了向有运动障碍的个人提供帮助，使用脑电波（EEG）的 BCI 被用于控制简单的义肢，如通过想象手部的运动来打开或关闭义肢手。最近关于使用植入型 BCI 的研究表明，瘫痪者在大脑中植入数百个电极，经过几周的 BCI 训练之后，他们能够控制机器人手臂超过 10 个自由度的活动。使用脑电波（EEG）的非植入型 BCI 也被用于控制轮椅，如通过分别想象脚、左手或右手的运动来前行、左转或右转。最后 BCI 也可用于家用应用。类似于 P300 拼写器的反应型 BCI 可以被用于控制不同的家用电器，比如电视、灯、空调等。不同的按钮（每个按钮控制家用电器的设置，如打开或关闭电视）被显示在屏幕上，并且闪烁。就像 P300 拼写器中的字母一样，该系统通过了以瘫痪患者为对象的测试和验证。

（3）复健：最近，BCI 技术展现出在中风后运动恢复方面的突出前景。实际上，中风的人可能发现自己部分瘫痪，因为中风可能导致大脑运动区域的损伤。传统复健过程中，为了减轻这种损伤，患者被要求移动瘫痪的肢体以激活受影响的大脑区域，从而利用大脑的可塑性来帮助修复损伤。不幸的是，中风后短时间内患者的肢体可能会完全瘫痪，自主运动也就变得不太可能。此时 BCI 就可以发挥作用，如果患者确实试图进行运动，并主动激活了右侧大脑运动相关区域的话，BCI 可以通过 EEG 信号检测到。因此，BCI 可以为患者提供反馈，指导他们激活受影响的大脑区域。临床研究表明，这种方法确实加快了患者的康复，从而减少了瘫痪。

2. 面向所有人的人机交互

（1）视频游戏与虚拟环境中的直接交互从 21 世纪初开始，尤其是面向普通大众的电极头戴式显示器出现后，人们开始考虑将 BCI 应用于视频游戏和虚拟现实。一些在实验室里进行的概念实验证明了在视频游戏或虚拟环境中可以用 BCI 来实现"用大脑控制"。BCI 被成功地用于执行多个 3D 任务，如选择 3D 目标或控制虚拟导航。

（2）神经工效学：在不用于直接与 HMI 交互的情况下，无论是否具有 VR，BCI 技术都可用于评估这些 HMI 及其人体工程学的利弊。利用神经信号分析和神经科学知识分析 HMI 的工效学被称为神经工效学。例如，通过分析 EEG 组，不同研究组的研究表明，在复杂的交互过程中持续地估计用户的心理负荷是有可能的。

（五）脑机接口的未来

BCI 是一种新技术，也是一种非常有前途的新型交互方式。但 BCI 短时间内还停留在实验室中的原型阶段。妨碍它们在实验室外实际使用的主要限制因素是缺乏可用性。即使是侵入性的 BCI，目前仍旧不够有效，会经常误识别用户的心理命令，不知道用户希望传达什么。同时它的效率也不高，因为安装、校准和学习如何使用需要一定的时间。目前，将 BCI 用于直接交互的外围设备，有意地向应用程序发送命令的方法并不是非常有用（除了用户严重瘫痪的情况）。实际上，用于交互的其他外围设备（如注视跟踪、控制器、鼠标、手势或语音识别）将更加有效和高效。当前 BCI 研究的一个主要挑战就是提高可用性。比如我们可以改进测量大脑活动的传感器，处理大脑信号的算法，甚至用户学习控制 BCI 的方式。关于心理信号的处理已经有很多研究，但是关于人类学习的研究项目则要少得多。所以我们可以期望在这方面取得更大的进展，并希望看到 BCI 变得更加实用。特别值得关注的是，目前训练用户使用 BCI 的方法对于所有用户在所有环境、背景下都是相同的，并且它们没有向用户解释为什么他们的心理命令会被正确地（或不正确地）识别。所以未来的培训方法会去适应每个用户的个人资料，也会适应他们的技能。它们还能向用户解释如何改进与系统的交互。这应该能让用户快速地学会如何更好地控制许多心理任务，从而获得更高的效果和效率。尽管 BCI 本身就是一场革命，但是如果能设计新的传感器系统，使其能够以非侵入性和便携的方式测量大脑活动，并且具有比脑电图高得多的空间分辨率的话，将会是巨大的进步。

未来几年，我们可以期待被动型 BCI 的重大发展。对于直接控制，被动型 BCI 不需要有像主动型 BCI 那样高的可用性。这种技术有许多潜在的应用，特别是在 VR 中，用于创建接口、应用和自适应系统，以及评估和特征化这些系统。我们还可以预见，越来越多的应用程序将 BCI 和 VR 一起用作补充工具。例如 BCI 和 VR 在中风后的康复中都是有用和有效的，它们的结合似乎是开发新的康复方法的自然途径。BCI 和 VR 的结合也打开了研究感知、运动姿态甚至人类行为的可能性。VR 将能够创建受控的和自适应的虚拟环境，而 BCI 将能够估计用户在面对这些环境时的心理状态（比如运动或认知）。这些应用将有益于每个人，而不仅仅是严重瘫痪者，因此 BCI 有可能从实验室进入市场。

最后，EEG 传感器普通大众就可以接触到，再加上用于设计实时 BCI 的开放源码和免费软件，都促进了 BCI 的发展、研发和开发。所有这些都预示着 BCI 领域的重大科技进步，因此我们希望未来有重大的社会进步，尤其是对虚拟现实。

第三节　虚拟现实未来发展面临的挑战与展望

一、挑战

（一）软件方面的挑战

感知技术 / 激励技术包括硬件和软件需要进一步的发展。这里，仅从软件角度看，机遇和挑战包括：

1.VR 建模技术

目前，各行业领域对 VR 建模技术有着迫切需求，尚有很多工作需要去做。

2.VR 开发方法

和大家习惯的软件开发有很大不同的是，VR 是一个软硬件融合对策系统，需要软硬件协同设计和开发，相应的开发方法有待研究和深化。

3. 大数据处理能力

VR 系统中涉及大量感知数据，实时采集、融合、处理和分析这些数据需要专门的算法。

4. 人工智能

传统的 VR 演化为 AR 和 MR，其关键在于大数据处理与 AI 技术，而面向 AR 和 MR 的算法与技术研究尚在初级阶段。

5. 情景感知计算能力

作为一种计算形态，情景感知计算具有适应性、反应性、相应性、就位性、情景敏感性和环境导向性的特征，这就是 VR 系统所必需的，更是需要突破的。

（二）技术方面的挑战

随着硬件和软件技术的快速发展，虚拟现实技术开始以消费级产品的形态服务于普通消费者。然而，当前的虚拟现实设备较容易导致使用者的不适，究其根本原因，在于人与虚拟环境的交互体验中，出现了与现实状态相违背的现象，因此，人的大脑开始潜意识地认为某些信息难以接受，从而出现不适。因此，未来的虚拟现实如何发展以及可能出现的问题，我们思考如下 3 个方面：感官体验随着技术的进步，满足视觉、听觉甚至触觉的感官真实感是可以解决的，比如显示分辨率、视场、三维声场、反馈等，随着软硬件技术的发展，更加轻薄、更加精细的元器件可能超越人类感觉极限值，从而满足人类需求。认知体验虚拟现实技术是人类与计算机系统的一种交互方式，是对人与现实场景交互的一种模拟。人类对现实场景具有认知能力，即对客观世界得来的感官刺激所产生的信息进行分析、归纳等加工活动，从而形成特定的知识或心理活动，并指导个人行为的能力。相似地，人类对虚拟环境也具有认知体验，如果虚拟环境不能产生与现实场景相似的认知体验，要么对使用者原有认知产生冲突，要么使用者形成与现实不同的认知，其后果可能是灾难性的。

如何处理好人对虚拟场景的认知体验，将是未来大众化产品必须要完美处理的课题。从技术上我们也许可以完美地制造出媲美真实场景的虚拟，完成真正的虚拟现实技术。而从使用者角度出发，可能会出现混淆虚拟和现实的可能，即把虚拟世界中的认知逻辑，应用于现实世界中如何解决这个问题，让人类不会迷失在虚拟场景中，不论是采用技术的还是非技术的解决方法，都是有待探索并必须解决的关键点。

（三）在教育领域中应用的挑战

1. 技术自身的问题

虚拟现实学习环境的优势在很大程度上依赖虚拟呈现技术，目前虚拟现实呈现技术仍然存在着难以克服的缺陷：

（1）头戴式显示设备的分辨率、刷新率较低，易出现窗纱现象和视觉滞留现象，这大大地影响了使用者的使用体验，不少使用者甚至会因此出现眩晕感。

（2）头戴式显示设备的视域也相对狭窄，设备的重量与体积过大，导致使用者无法长时间使用。

（3）头戴式显示设备的供电以及数据传输仍然未能很好地解决，使用者需要一直拖着连接固定主机的数据线，行走或转身都不方便，尚没有真正实现可穿戴式计算。

（4）现有虚拟现实系统对身体动作的追踪与捕捉有赖于红外摄像头或无线电波传送装置来实现，这使得使用者的活动自由度再一次受到硬件的限制。目前研发者普遍采用软件上的"飞毯模式"来解决这一关键问题，结果导致了更难以接受的眩晕问题。尽管有研究者指出可以通过基于模糊控制（Fuzzy Control）的技术来减轻用户在浸入式虚拟现实中产生的眩晕体验，但如何完全消除飞毯模式导致的眩晕体验还需要相关研究人员进行更为深入的探索和研究。

就虚拟现实学习环境的建设而言，除了上述的通用问题，还存在一个人机交互问题。头戴式显示器通常都是封闭式的，学生在头戴头盔学习时无法同时看到真实现实中的场景，因此像做笔记、避开现实障碍等行为都很难做到。虽然有学者提出用增强现实（AR）技术来解决这一问题，但增强现实技术在构建学习环境上也有其自身不足。

2. 开发学习监控和评估工具

在虚拟环境中学习，教师较难监控教育过程的开展，难以辨别学生在虚拟世界中究竟是在玩还是在学习。个案研究表明，教师可以通过虚拟化身的肢体语言观察学生的表现，但相比传统课堂教学，虚拟世界下的行为表达不容易识别，也可能不够真实。这在客观上要求针对虚拟环境下的学生学习行为和过程，开发有效的监控和评估工具，以帮助教师了解学生的学习表现，并适时提供引导和干预。

然而，当前面临的挑战是：尽管虚拟现实学习系统可以记录学生的学习过程数据，但对于如何利用这些数据有效监控学习行为、评价学习结果，还没有成熟的解决方案。

3. 学习环境的设计问题

就虚拟现实学习环境的设计来说，至少需要考虑以下三个方面：

（1）学习内容的呈现，即如何合理地在虚拟现实学习环境中呈现教学内容。虚拟现实学习环境中学习内容的呈现不同于现实课堂教学，在现实课堂教学当中教师可以根据学生的反馈来调整自己的教学内容，而在虚拟现实学习环境当中则不仅需要考虑教学内容的先后顺序，还需要注意避免过多的虚拟场景占用学生的认知资源。

（2）虚拟现实学习环境的可用性。虚拟现实首先是作为一个系统或产品而存在，虚拟现实学习环境作为虚拟现实诸多应用中的一种，其可用性自然也是研究者不能忽视的内容，而且已经有研究发现虚拟现实学习环境的可用性对学生学习的满意度有很大的影响。

（3）需要考虑不同学习内容所涉及的教学理论基础。不同学科知识内容有不同的教学理论，因而在虚拟现实环境中也有不同的呈现方式。例如，在设计与诗词学习有关的虚拟现实学习环境时需要考虑为学生营造与诗词意境相契合的场景，而在数学函数相关的虚拟现实学习环境设计中需要考虑数形结合的思想。

总的来说，虚拟现实学习环境的设计涉及编程开发、交互设计、界面设计、教学内容设计、场景建模、人物建模和动画制作等不同领域的知识和技能，意味着虚拟现实学习环境的设计和创建不仅需要耗费巨大的资金、时间和人力，还要求诸如教育学、计算机科学、心理学等不同领域的研究者进行合作。

4. 虚拟身份与真实身份交互作用认识问题

虚拟世界的身份表征通过虚拟化身实现，虚拟化身的行为可能与真实环境下用户的行为不同。在传统教室环境下，教师通常能根据长期积累的经验判断学生的行为模式和行为习惯，并根据这种判断选择合适的教学方法和教学手段。虚拟学习环境中，学习者都有虚拟化身，其学习行为也可能表现出新的规律。这就要求教师进行探究，掌握虚拟环境下的社会互动的行为特点，同时需要研究学生虚拟化身和真实身份的交互作用，比如学习者倾向于选择具有哪种外貌特点的虚拟化身，学习者对他人虚拟化身的反应是否影响与其表征的真实人物的互动，虚拟人物的外表如何影响对其所传达信息的感知等。虚拟现实技术作为一种新型技术应用于教育领域还处于初级阶段。各个行业都在积极探索如何利用虚拟现实技术帮助实现自身的实质性转变，"VR+教育"是其中之一。"VR+教育"不仅强调产业领域为教育提供相关的装备、终端、应用系统、平台以及内容的研发，更强调如何做好虚拟现实技术与STEM教育、创客教育、创业教育、教师培训等实践需求的对接。虚拟现实教育应用的本质不在于增加新的教学工具，而在于引入新的教学方式和教学文化。这是虚拟现实技术教育应用的重点和难点。我们相信，随着技术的不断发展完善以及与教育理论的深度融合，虚拟现实在教育领域会发挥着越来越重要的作用。

二、虚拟现实的未来展望

2020年，比如维尔福集团（Valve）推出的《半条命：Alyx》就是一款能够加速推动玩家选择头戴设备的虚拟现实游戏。如果这款游戏成功，那么就给了其他开发者更多的信心，证明在虚拟现实领域其实是值得的尝试。

VR技术在军事上对未来研究与应用体现在下述几个方面：控制无人作战武器（如飞机、坦克等），利用战场发回各种信息（实景图像、数据等）生成虚拟战场，通过人机协调共同分析和进行战事指挥；培训官兵，提高他们的作战、指挥、适应和生存能力；虚拟军事地图和已发生的战争再现。

在各种领域的设计上，虚拟环境下产品的研究与开发，以提高企业的创新能力，提高设计制造速度、减少开发人员、开发用的一切硬件资源，使企业降低成本。虚拟环境下的产品研究与开发，未来要解决的关键问题是开发过程中的知识、熔合（Knowledge Fusion），将不同领域的知识嵌入产品开发过程中、考虑产品初建模和建模过程中零部件的各种公差与误差以及公差评判，从根本上解决虚拟产品模型的精确性、可靠性、实用性、标准性和创新性，并且适应不同层次、类型的企业，使之能获得最大利益。

在医学上，完成医学虚拟系统是21世纪的一项具有意义的挑战，其中的不同类型的虚拟人体是人类科学工作者一项复杂而艰巨的任务。基于VR的远程医疗、心理学方面的研究与应用是一项很有潜力的应用领域。

VR技术在城市规划、设计、建设、决策等方面有着极大的发展前景，将成为研究的热点。在文化教育上可解决硬件资源的不足，VR在科学可视化的应用，可在网上进行虚拟实验、虚拟训练，使学习者可以获取、掌握各种科学知识和技能。

VR在网上快速运行是目前要研究和解决的问题，杰伦·拉尼尔（Jaron

Lanier）正在研发一种与平台无关的软件使 VR 技术在网上快速运行实现。随着网络技术的硬件和 VR 软件的发展，在网上实现 VR 将进一步完善分布式 VR 技术是一个重要方向。基于虚拟现实技术的各类标准的制订是一个涉及面广的多学科艰巨的任务，是我国军事、工程技术、文化教育等领域健康、规范和快速发展的有效措施。

基于 VR 的多通道的交互技术，满足不同用户的需求是 VR 的发展方向之一。简单、方便、智能、高精度、实用和经济的 VR 硬件设备，建模与人机交互是该技术应用和研究的热点。基于 VR 的硬件设备的创新与开发大有潜力，知识产权保护和人才培养是 VR 技术在我国发展的要点。

VR 源于现实又超出现实将对科学、工程、文化教育和认知等各领域及人类生活产生深刻的影响，VR 将无处不在。VR 技术是发展的，其特性、概念、硬件设备也是发展的。它正朝着满足人类的不同需要的方向发展，造福于人类。

参考文献

[1] 张利."人工智能+"物流全链架构及场景应用[J].商业经济研究,2021(16):104-107.

[2] 陈淑丽.早期虚拟现实训练在重度颅脑损伤术后病人护理中的应用[J].全科护理,2021,19(23):3231-3233.

[3] 陈慧.基于虚拟现实技术的高校师资培训系统[J].微型电脑应用,2021,37(08):104-107.

[4] 上官大堰.基于AR技术的珍稀野生动物虚拟仿真系统设计[J].实验技术与管理,2021,38(08):134-138.

[5] 沈鑫,杨江存,徐翠香等.基于人工智能的输血决策支持系统构建和实施[J].中国卫生信息管理杂志,2021,18(04):455-459.

[6] 闫卫刚.基于人工智能的互联网络数据安全优化算法研究[J].物联网技术,2021,11(08):96-99、102.

[7] 代胜歌,赵书朵,袁杰敏.多功能太阳能充电小车的设计与实现[J].电动工具,2021(04):19-22.

[8] 陈良波,邱津芳,林鸿录等.一种智能分类收纳桶的设计与实现[J].电动工具,2021(04):23-25.

[9] 艾小华,周梅,姜海涛等.新型T-BOX电磁兼容性测试系统的设计与测试分析[J].安全与电磁兼容,2021(04):53-57.

[10] 徐加征,吴利霞,张本军.防雷接地设计中等电位连接的研究[J].安全与电磁兼容,2021(04):84-87.

[11] 陈连海.高纬度季冻地区高速公路改扩建工程路面设计方案[J].北方交通,2021(08):39-43.

[12] 李爽 .BIM 技术在提升公路勘测设计质量中的应用 [J]. 北方交通，2021（08）：60-61+65.

[13] 刘毅，李增光，朱兆祯等 .旧路基层实测模量与设计模量的差异对路面受力影响分析 [J]. 北方交通，2021（08）：62-65.

[14] 任炜 .双车道干线公路交通安全设计关键技术研究 [J]. 北方交通，2021（08）：66-69.

[15] 王凯 .现代绿色建筑设计研究 [J]. 上海房地，2021（08）：32-34.

[16] 周祎隆，傅晓红，夏骏 .双燃料超大型集装箱船电气设计要点 [J]. 船海工程，2021，50（04）：5-9.

[17] 李子凡，周喜宁，葛珅玮等 .4400t 半潜式起重平台驾驶室结构设计与分析 [J]. 船海工程，2021，50（04）：19-23.

[18] 金星瑜，程瑞松，尤国红等 .复合材料地效翼船浮筒结构设计 [J]. 船海工程，2021，50（04）：24-29.

[19] 李文钊，李靖宇，岳小林 .黄骅港 3840 kW 多功能环保拖船设计 [J]. 船海工程，2021，50（04）：36-38、44.

[20] 李文华，宋扬，邱吉廷 .基于 HCSR 的散货船新型典型强框架设计 [J]. 船海工程，2021，50（04）：39-44.

[21] 王爽 .VR 技术在高校校园中的应用 [J]. 中国科技信息，2021（16）：72-73.

[22] 赵鹏涛 .基于虚拟现实技术的文化传播探究——评《虚拟现实：最后的传播》[J]. 中国科技论文，2021，16（08）：924.

[23] 彭红，艾险峰，常宇明 .虚拟现实技术在《产品材料与工艺》课程中的应用研究 [J]. 设计艺术研究，2021，11（04）：96-100.

[24] 周航辉 .虚拟现实技术在中职汽修教学中的应用 [J]. 农机使用与维修，2021（08）：125-126.

[25] 赵彬雨，吴桐，冯国和等 .虚拟现实医疗护理系统设计与应用的研究进展 [J]. 护理研究，2021，35（15）：2702-2705.

[26] 章新成，申浩栋 .虚拟现实技术融入产品设计专业人才培养的实践探索 [J]. 中阿科技论坛（中英文），2021（08）：126-129.

[27] 杨静 .虚拟现实技术在高等学校射击训练中应用的探讨 [J]. 内江科技，2021，42（07）：59、77.

[28] 谢昊文，李依璇，刁琴琴. 虚拟现实和增强现实对数字媒体教育的影响 [J]. 科技与创新，2021（13）：177-179.

[29] 张梅，姜丽，杜郭佳等. 基于增强现实算法的临床护理智能交互系统设计 [J]. 自动化与仪器仪表，2021（06）：194-197.

[30] 徐劲力，牛强强，陈春晓. 增强现实环境下汽车后桥虚拟拆卸系统的设计 [J]. 机械设计与制造，2021（06）：215-218.